不曾走过，怎会懂得

周礼 著

南京出版传媒集团
南京出版社

图书在版编目（CIP）数据

不曾走过，怎会懂得 / 周礼著．—南京：南京出版社，2018.5

ISBN 978-7-5533-2186-8

Ⅰ．①不… Ⅱ．①周… Ⅲ．①人生哲学－通俗读物 Ⅳ．①B821-49

中国版本图书馆CIP数据核字（2018）第060929号

书　　名：不曾走过，怎会懂得
作　　者：周　礼
出版发行：南京出版传媒集团
南 京 出 版 社
社址：南京市太平门街53号　　**邮编**：210016
网址：http://www.njcbs.cn　　**电子信箱**：njcbs1988@163.com
天猫1店：https://njcbcmjtts.tmall.com　**天猫2店**：https://nanjingchubanshets.tmall.com
联系电话：025-83283893、83283864（营销）025-83112257（编务）

出 版 人：项晓宁
出 品 人：卢海鸣
责任编辑：张　晶
装帧设计：蒋碧君
责任印制：杨福彬

策　　划：日知图书（www.rzbook.com）
印　　刷：北京文昌阁彩色印刷有限责任公司
开　　本：710毫米×1000毫米　1/16
印　　张：13
字　　数：130千字
版　　次：2018年5月第1版
印　　次：2018年5月第1次印刷
书　　号：ISBN 978-7-5533-2186-8
定　　价：49.00元

营销分类：励志

前言

鹰击长空，有风的阻挡；江行万里，有堰的阻挡；春笋怒发，有土的阻挡……世间万事万物，总要经历风雨的洗礼，才会茁壮成长。

人生又何尝不是如此呢？“人无千日好，花无百日红”，在生命的旅程中，每个人都会遭遇各种各样的挫折和失败，都可能会陷入某些意想不到的困境。从某种意义上来说，挫折是生命之必然，就像月有阴晴圆缺，树有花开花落一样。不要幻想生活总是一帆风顺，每个人的一生都注定要跋涉千难万险，品尝苦涩无奈，历经失意痛楚。

在挫折来临时，有的人选择逃避现实，自暴自弃，借酒浇愁，结果成了挫折的俘虏。在他们的眼里，挫折是魔鬼，是黑暗，是卡在喉咙的刺。而有的人却选择勇敢面对，乘风破浪，化危为机，逆转成为挫折的主人。在他们的眼里，挫折是成功的催化剂，是启智的圣经，是寒冬的蜡梅。

挫折既能成就一个人，也能毁掉一个人，关键看你以怎样的心态去面对。面对半瓶美酒，有人说：“真可惜，这么好的酒只剩下半瓶了。”

而有人说：“真不错，这么好的酒还有半瓶呢！”面对一片落叶，有人说：“真遗憾，这是生命的结束。”而有人说：“真美丽，这是生命的开始。”面对一滴清水，有人绝望地说：“我看到了沙漠。”而有人欣喜地说：“我看到了大海。”一般而言，任何事物都具有两面性，挫折也是如此，如果我们看到的是消极的那一面，我们的人生会随之走向颓败或平庸；如果我们看到的是积极的一面，就会化悲痛为力量，越挫越勇，攀上一个又一个高峰。

泰戈尔说过：“世界以痛吻我，我要回报以歌。”挫折是一位深沉的哲人，是生命中绚丽的花朵。正是因为经历了风雨，所以才有美丽的彩虹；正是因为经历了磨炼，才铸就了钢铁般的意志。

所谓“天将降大任于斯人也，必先苦其心志，劳其筋骨，饿其体肤，空乏其身”。再重的担子，哭着是挑，笑着也是挑，与其哭，不如笑，用笑脸迎接一切苦难和厄运。因为再长的黑夜也有黎明到来的一刻，再大的风暴也有停息的时候。春花谢了，还会再开；太阳西下，还会东升，只要我们信念不灭，人生之船就不会倾斜。

记得一位哲人说过：“失败是成功蜕下的虚壳，成功是失败破裂后的彩蝶。”很多东西都可以改变，逆境可以化为顺境，丑陋可以裂变为美丽，低贱可以升华为高贵。既然蝴蝶要历经蜕变的痛苦，才会有化蝶的美丽；凤凰要历经沐火的痛苦，才会有重生的喜悦，那么我们又为何不能勇敢承受生命之重、之痛呢？

C·O·N·T·E·N·T·S

目 录

第一章 不完美，才最美

第二章 不问忧伤，不负光阴

第三章 世界需要坦然的你

第一章

不完美，才最美

世界上并没有完美无缺的生命。有的人，能在人生的缺憾与局限中孜孜以求，成就非凡的自我；而有的人，却只会对命运设下的障碍抱怨连连，最终一事无成。你想成为哪种人，过哪一种生活，不在于生命是否完美，而在于你是否能在不完美中保持一份良好的心态，在缺憾中勇往直前。

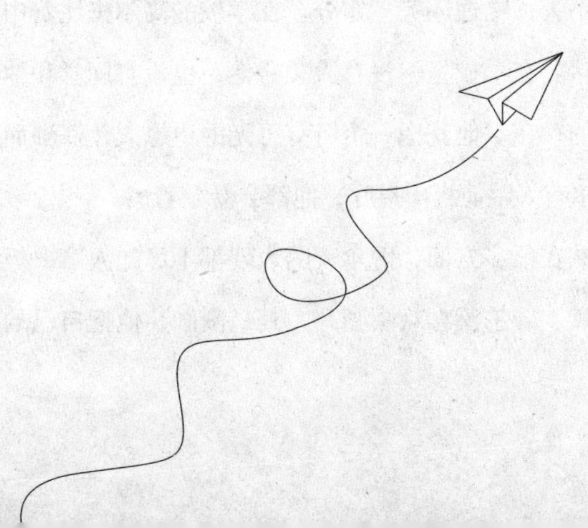

再糟糕的种子也会结出果实

小时候，查尔斯·舒尔茨是一个出了名的笨孩子。在父母眼中，他是一个十足的蠢蛋，从未做过一件出色的事情；在老师眼中，他是一个科科不及格的差生，毫无前途可言；在同学眼中，他是一个软弱可欺的人，别人打他，他也不敢还手。

舒尔茨也曾试图改变自己，比如努力学习，赢得同学的尊重；参加体育锻炼，提高自己的身体素质等。然而，不管怎样努力，他的成绩却总是上不去，物理还考了零分。在学校的高尔夫比赛中，他的表现同样惨不忍睹。在学校里，没有人关心他，也没有同学和他玩耍，更没有人在乎他的存在。他就像一个可有可无的边缘人，孤独而卑微地生活着。甚至偶尔有人跟他打声招呼，他都会受宠若惊。

虽然在很多方面，舒尔茨的表现都不尽如人意，但他在绘画方面却很有天赋。舒尔茨喜欢画画，尤其是漫画，他把自己的整个童年和少年时光几乎都交给了手中的画笔，并渴望有一天，能够成为像凡·高一样伟大的画家。

中学时，舒尔茨的画作从未得到过别人的好评，但他还是鼓起勇气向《毕业年刊》的编辑寄去几幅自己觉得十分满意的作品。不幸的是，没有一幅作品被录用。后来，他又向其他刊物投稿，均被无情地退了回来。在经受了无数次退稿的打击后，舒尔茨并没有气馁，他始终坚信自己的漫画与众不同，只要不忘初心、坚持创作，一定会得到认可。

中学毕业后，如人们所料想的那样，没有任何一所大学愿意接纳他，但这并没有影响他对自我价值的追求，他决心做一名职业漫画家，一心一意地搞好创作。其间，他曾信心满满地向华特迪士尼公司写了一封自荐信，详细地介绍了自己的特长和希望获得的职位，还精心挑选了自己的几幅漫画作品寄了过去。但遗憾的是，华特迪士尼方面认为他的作品没有达到公司要求的高度，舒尔茨再一次失败了。

一次次的失败促使舒尔茨转变了创作方向，他开始将自己独特的人生经历和生活体验与漫画作品相融合，营造出了一个充满幽默、幻想、温馨和忧伤的世界，作品中的经典角色有小男孩查理·布朗和小狗史努比。舒尔茨把这部漫画作品命名为《花生》。

《花生》一经问世，就受到了人们的热烈追捧，犹如一颗重磅炸弹，震撼了半个世纪，先后被翻译成20多种语言，刊登在2600多家报纸上，并迅速传播到全球75个国家。查理·布朗和小狗史努比的故事和形象，陪伴着全世界读者一起欢笑、一同成长，成为家喻户晓的经典作品。

不仅如此，后来的舒尔茨还两度获得漫画艺术最高殊荣“鲁本奖”，并于1978年被评为“年度国际漫画家”，1990年得到法国艺术与文学骑士勋章，并多次登上《福布斯》杂志年收入最高艺人排行榜，成为历史上最富有的漫画家。

心灵悟语

舒尔茨曾说：“生活就是会从好梦中被粗暴地惊醒。”人生不可能一帆风顺，亦不可能事事如意，但只要信念不灭，再贫瘠的土地，也能种出庄稼，再糟糕的种子，也会结出果实。认定目标，坚持做好每一件事，实现人生的逆转。

挫折是成功的入场券

1946年7月，他出生在纽约曼哈顿一所慈善医院里。不幸的是，由于护士的疏忽，他被药用镊子伤到了面部神经，导致左脸颊部分肌肉瘫痪，左眼睑与左边嘴唇下垂，语言能力也受到极大的影响，很难发出清晰可辨的语音。从此，他的人生跌入了地狱。

幼年时期，他一直和保姆生活在一起，只有周末才能与自己的父母见面。由于外貌的原因，大家都不喜欢他，都不愿意与他亲近。因此，他没有同伴，没有朋友，甚至没有一个可以倾诉的对象。他是多么渴望得到别人的友谊和关爱，得到别人的赞赏和尊重，可人们却总是将他拒之门外。

11岁时，他的父母在无休止的争吵中分道扬镳，唯一能让他感觉到温暖的母亲也离开了他。和父亲一起生活的日子，并不像别人想象中的那样温馨和美好。父亲对他十分严厉，几乎到了苛刻的地步，稍有不如意，就会斥责和辱骂。父亲经常朝他嘶吼："你为什么不能变聪明点儿？你为什么不能强壮一些？"那段时间他自卑极了，觉得自己一无是处。15岁那年，他到了费城，与母亲和继父生活在一起。他的学习成绩一塌糊涂，还被认定是一个会带坏其他同学的"典范"，几乎所有学校都不愿意接收他。

走过苦难的童年和彷徨的少年，他渐渐长大成人，并在体育方面表现出过人的天赋。他想成为一名足球运动员甚至是足球明星，但没有一所体育院校愿意录取他；他想加入海军，可是年龄又不够。无奈之下，他只好去瑞士，做了一名体育老师，一边给学生上体育课，一边学习戏剧课程。

一次偶然的机会，在排演阿瑟·米勒的名剧《推销员之死》时，他终于找到了自己的理想和追求——做一名演员。

不久后，他满怀信心地回到美国，进入迈阿密大学，开始正式学习表演艺术。然而他的导师很不喜欢他，认为他并不适合做演员，永远也不会有前途，还劝他尽快退学。他乘兴而来，却败兴而归。尽管他不相信命运，也不愿意服输，但还是以三个学分之差，被迈阿密大学赶出门外。

随后，沮丧的他来到了纽约。迷恋于星相占卜的母亲断言，他会成为一个明星，但不是以表演，而是以作家的身份。于是他听从了母亲的建议，暂时放弃了做演员的梦想，潜心研习剧本写作。他觉得人们总是在试镜时拒绝他，因为他的眼睑下垂，因为他的声音太过低沉。虽然他无法改变自己已有的外部形象，但他总有能力去修改和润色自己创作的剧本。

1974年，他突发灵感，创作了剧本《洛奇》。当时，有不少制片人都很看好这个剧本，但由于他坚决要求出演其中的男主角，而被所有的制片人拒绝。他不甘心，又带着剧本拜访了美国500多家电影公司，还是被纷纷拒绝。但他仍不甘心，继续寻找合作人。终于，在被拒绝了1850次后，有一家电影公司被他的真诚所打动，答应了他的要求。影片以很低的成本在一个月内就拍完了，可谁也没有想到，这部电影会成为好莱坞电影史上一匹闪亮的黑马。

1976年，电影《洛奇》的票房突破了2.25亿美元，并夺得了奥斯卡金像奖最佳影片、最佳导演、最佳男主角、最佳原创剧本等多项提名。连著名导演兼制片人弗朗西斯·科波拉也由衷地赞叹道："我真希望这部电影是我拍的。"

一夜之间，他成了全球炙手可热的人物。他就是观众心目中的超级偶像、单片酬金超过2000万美元的好莱坞动作巨星史泰龙。

心灵悟语

没有人可以随随便便成功，如果很轻易便能实现梦想，那梦想岂不是变得毫无挑战？挫折的意义就在于能够让梦想变得更有价值。当挫折来临之时，要像凤凰一样，在熊熊燃烧的烈火中，重新燃起希望。不经历浴火，又怎会获得重生呢？

你不止一种用途

有这样一则小故事，一位名叫普洛罗夫的捷克籍法学博士曾对美国圣·贝纳特学院毕业的学生做了一个问卷调查，内容为："圣·贝纳特学院教会了你什么？"几年中，他共收到3756封回信，70%以上的学生回答说："知道了一支铅笔的用途。"

这个答案让普洛罗夫博士感到十分意外，也十分费解。一支铅笔能有什么用途呢？竟让如此多的学生念念不忘。

带着这个疑问，普洛罗夫博士走访了纽约市最大的一位皮货商。这位皮货商告诉他："贝纳特牧师教会了我们一支铅笔的用途。起初我以为铅笔只有一种用途，那就是写字，但后来在贝纳特牧师的引导下，我发现，原来铅笔有很多种用途。例如，用铅笔做生意，可以获得利润；用铅笔作礼物，可以送给朋友；用铅笔做尺子，可以用来画线；用铅笔作武器，可以用来自卫；把铅笔芯抽掉，可以做吸管；削下的铅笔屑，可以做装饰画；用铅笔段，可以做玩具的轮子；将铅笔芯磨成粉，可以做润滑剂……总之，一支铅笔可以有很多种用途，在不同的情况下，它会显现出不同的用途。实际上，贝纳特牧师是为了让我们这些穷人的孩子明白，有手、有脚、有眼睛、有智慧的人，比一支铅笔有更多用途，而且任何一种用途都可以激励我们乐观地生活下去。”

接下来普洛罗夫博士又走访了很多人，他发现，从圣·贝纳特学院出去的学生，无论是富裕还是贫穷，他们都拥有一颗乐观的心，都生活得很幸福，并且都能够说出一支铅笔的至少20种用途。不久，普洛罗夫博士放弃在美国寻找工作，毅然回到了之前一直不愿意回去的祖国——捷克。多年后，他成了捷克最大的网络商。

事实上，每个人都有自己的长处，都有不同的价值。也许，换一种角度，换一个选项，就会得到正确答案。

心灵悟语

其实，生命中的挫折并没有它看起来那么虚玄叵测、神通广大。有时候，换一个角度，你就会发现更广阔的天空；换一种思路，你就会挖掘更巨大的能量。

做一棵只管成长的树

他出生于辽宁沈阳，从小就喜欢音乐，并且在这方面很有天赋。9岁那年，为了让他的特长得以发展，他的父亲放弃了自己热爱的工作，陪他来到北京中央音乐学院学习钢琴。尽管他还是一个稚气未脱的孩子，但他非常懂事，也非常刻苦，除了学习文化课外，他每天都坚持练琴8小时以上。一段时间下来，他已经能够熟练地弹奏俄国作曲家柴可夫斯基的《第一钢琴协奏曲》和拉赫玛尼诺夫的《第三钢琴协奏曲》，而这两首曲子的难度都相当高。

正当他沉浸在进步的喜悦中时，一天晚上，居委会的大妈气冲冲地敲开了他的家门。为了表达邻居们的愤慨，那位大妈毫不客气地对他说："你不要再弹琴了，你的琴声实在吓人，吵得大家都无法休息。你以为你是谁呀，贝多芬还是克莱德曼？趁早收起那份心吧，学钢琴的人多的是，你看有几个人能真正出名呢？"

不仅如此，在学校里，许多同学们也都看不起他，嘲笑他是东北的土包子，嘲笑他癞蛤蟆想吃天鹅肉。更令他难受的是，一位钢琴老师也泼他的冷水说："你还是赶紧回沈阳去吧，以你这样的资质，再过一百年，也不可能成为一位钢琴家！"他心灰意冷地回到租住的筒子楼里，哭着对父亲说："我讨厌北京，讨厌钢琴，讨厌这里的一切，咱们回老家去吧，我再也不学琴了。"

父亲听后，没有像往常那样安慰他，而是将他带到公园的一片树林前，指着其中一棵树说："孩子，之前曾有不少路人对它指指点点，有人说，这棵树平淡无奇，没有什么观赏价值；有人说，这棵树不久就会枯死，根本不会有长大的机会；有人说，从来没见过这么丑陋的树，简直是影响市容；也有人说，干脆把这棵树挖走，重新栽一棵，免得它碍眼。对于人们的评头论足，这棵树一直保持着沉默，它只管自顾自地生长着，每天照样吸收阳光雨露，照样从土壤里汲取养分。你看现在，它长得枝繁叶茂、郁郁葱葱，还开出了奇香无比的花儿。"

父亲顿了顿，又接着说："孩子，做人就应该像树这样，不要在乎别人说什么，也不要抱怨命运的不公，你只管自己生长，当有一天你芬芳馥郁时，别人自然就理解你了。"听了父亲的话，他似懂非懂地点了点头。

从那以后，他一心一意地练习钢琴，不管别人怎样打击他、讥讽他，他始终坚持最初的梦想，数十年如一日。8年后，谁也没有想到，当初这棵毫不起眼的小树苗，长成了一棵参天巨树，年仅17岁的他就享誉全球，万众瞩目。

他就是被誉为“当今世界最年轻的钢琴大师”“中国的莫扎特”的著名钢琴家郎朗。郎朗的故事告诉我们：做一棵只管成长的树，这既是一种胸怀，也是一种智慧。

心灵悟语

通往成功的路，是一条艰辛且布满荆棘的路，只有走到最后的人，才能品尝到成功的甜美果实。当挫折与困难来临的时候，做一棵顽强成长、不惧风雨、执着而坚忍的树，不忘初心，方得始终。

人生的低处

常言说：“人往高处走，水往低处流。”高处代表了权力和地位，代表了强势和成就，代表了荣誉和显耀。人总是希望自己攀得越高越好，永远也不要摔跟头，永远也不要跌入低谷。然而事实上，无论是家庭、事业抑或爱情，总是在高处与低处间往复，呈现一个抛物线形状。从低到高，到达顶点后，又从高到低，如此反复。因此，我们总要面对人生中的得与失，成与败，悲与欢，离与合。

年少时，我曾留心观察过燕子飞行的过程，它们是呈弧线飞行的，每次高飞前，总是要向下滑落一段，然后再奋力向上飞。起初我不明白其中的缘由，直到后来才知道，原来燕子下滑的过程是积蓄力量，是为了下一次飞得更高、更远。霎时间，我幡然领悟，原来人生的低处是力量的积蓄，是为了奔向另一个更高的顶点。那么当我身处低处时，又有什么好悲伤的呢？

一般情况下，当人们处于人生的高处时，总是志得意满、恃才傲物，沉浸在过去的辉煌成就中止步不前，殊不知，这时的巅峰亦是强弩之末，即将滑向人生的低处；当人们处于人生的低处时，总是悲观失望、痛苦决绝，迷失在失败的阴影下顾影自怜，殊不知，这时的失败亦是否极泰来，即将步入另一段美妙的人生。电视剧《蜗居》中有句经典台词：“人的一生是一条上下波动的曲线，有时候高，有时候低。低的时候你应该高兴，因为很快就要走向高处，但高的时候其实是很危险的，因为你看不见即将到来的低谷。”当你的人生处于谷底时，不要气馁，只要你肯努力，无论朝着哪个方向，都是向上的。

人的一生总是充满了坎坷与磨难，总会遭遇到这样或那样的不幸。很多时候，巨大的成功往往会导致我们更大的失败，而暂时的失意却常常能引领我们走向成功。当走过生命的一周匝，再回过头来审视自己的人生，你会惊奇地发现，其实人生中根本就没有什么高处与低处，人生只是一个不断追求、不断攀登、不断突破自我的旅程。

心灵悟语

挫折有时候是一种历练，它既是成功的铺路石，也是意志的试金石。将生命中的坎坷化为破茧成蝶的动力，这会成为一种体验、一种跨越，会促使我们热情高涨地迎接生活的挑战，在低处寻求盎然生机。

低头拉车，不如抬头看路

十多年前，他像所有怀揣梦想的年轻人一样，渴望成功，渴望出人头地，于是，他不远万里从法国来到了德国，并在汉堡租下了一间工作室。他天真地认为，只要自己肯努力，就不愁作品卖不出去，就不怕得不到别人的肯定。

然而，艺术创作之路并非他想象中那么简单，不是付出了就有所回报。尽管他十分勤奋，画作也有几分特色，但由于他是个新人，没有什么名气，所以作品少有人问津，开了两次画展也未能引起什么轰动。

而对失败，他安慰自己：也许是火候不够，只要继续锤炼，相信用不了多久就会拨开云雾见晴天。于是，他又苦苦地坚持了几年，结果还是没能闯出一片天地。卖画所得的钱还不够支付房租，以至于他常常忍饥挨饿，过着凄惨失意的生活。

一天，他的心情十分郁闷，决定到郊外去寻找些灵感。他从画室里走出来，迎面看到一个拉车的中年人，这人低垂着头，只管用力拉车，丝毫没有注意前面的路况。一个路人躲闪不及，被他撞个正着，所幸力度不大，未造成什么实质性的伤害。路人从地上爬起来，拍拍身上的灰尘，然后生气地斥责道："你这个人怎么回事？就知道埋头拉车，不知道抬头看路，总有一天你会闯出祸来的。"拉车人自知理亏，赶紧向路人赔礼道歉。

眼前的这一幕让他豁然开朗，长期以来，自己不正是一个"就知道埋头拉车，不知道抬头看路"的人吗？这些年，他把自己关在画室里，拼命地工作，虽然熬出了不少作品，但有几件称心如意？又有几件能真正打动人心呢？或许自己可以干些其他更出色的事。

从那以后，他暂时告别了油画创作，全身心地投入到艺术餐巾纸的设计和开发上。因为他了解到，德国人有一个传统，注重一家人聚餐。尽管他们吃的食物十分简单，通常是些面包、牛奶、果酱和香肠之类的东西，但他们喜欢营造一种和谐温馨的氛围，认为那样更有利于增进亲人之间的感情。为此，他们会在就餐时铺上一层艺术餐巾纸，有时还会根据不同的天气、当天的幸运色，以及不同的节日来挑选合适的艺术餐巾纸。正因为如此，这种纸的需求量非常大，且价格也不便宜，一包在5欧元左右，而市面上的艺术餐巾纸大多比较粗糙，没有什么品位。要是运用自己在绘画上的才能，打造一款高贵典雅的艺术餐巾纸，其市场需求一定比画作更大。

不久，他将老家的房产典卖了，还向亲戚朋友借了一笔钱，开了一家艺术餐巾纸设计公司，他将法国人的浪漫和德国人的严谨充分地融入自己设计的产品中，受到了人们的热烈追捧。不久，他就从一个身无分文的落魄艺术家，变成了德国著名的设计师和品牌创始人。

心灵悟语

有时，一条看起来走不通的路，走到尽头才发现原来它只是个弯。人生也一样，“低头拉车，不如抬头看路”，当一条路看起来走不通时，不妨试着拐个弯，换种思路，或许问题就能迎刃而解。

一根蜡烛的光亮

那一年，英国作家西雪尔·罗伯斯的心情十分沮丧。他目睹德国纳粹党的军队一步步逼近，一座座城市相继沦陷，亲人、朋友和同胞们相继在战火中死去，而他却无能为力。彼时，他的创作生涯也步入了一个死角。他感到前所未有的失落和迷茫，就像一艘孤独的小船漂浮在汹涌澎湃的大海上，看不到一点儿希望，也不知道未来的路在何方。

一天，西雪尔·罗伯斯去墓地祭拜一位已逝的好友。天空阴沉沉的，还下着毛毛细雨，一如他哀伤的心绪。到达墓地，西雪尔·罗伯斯向亡友献上了鲜花，深深地鞠了一躬，然后沉痛地缅怀了一阵。就在他准备起身离去时，无意中发现旁边多了一个新墓，墓碑上没有名字，只有一句奇特而温暖的话：“全世界的黑暗，也不能使一根蜡烛失去光辉。”

西雪尔·罗伯斯情不自禁地念了一遍又一遍，他心中的阴霾一扫而空，变得豁然开朗，仿佛又看到了希望。这真是一句鼓舞人心的箴言。

西雪尔·罗伯斯猜想，葬在墓地里的不是一位伟大的哲学家，就是一位了不起的诗人，一定要好好研读一番他的作品。

回到家后，西雪尔·罗伯斯迫不及待地查找这句话的出处，可是他翻阅了家里所有的书，也没有找到这句话的主人是谁。接着，他又跑到图书馆去查阅了相关典籍，依然一无所获。无奈之下，他只好再次来到墓地，向公墓的管理人员打听这座墓的主人。

墓地管理人员告诉他说："埋在这儿的不是什么哲学家，也不是什么诗人，而是一个年仅10岁的小孩，他不久前在德国的一次空袭中不幸遇难了。为了激励更多的人加入到反法西斯的战斗中去，也为了让活着的人勇敢地生活下去，小孩的母亲忍受着巨大的悲伤，在墓碑上留下了这句话。她想告诉人们，永远也不要失去生活的信念。"

这件事对西雪尔·罗伯斯的心灵震撼很大，他决心要做那根蜡烛，用微弱的光芒点亮人们心中的黑暗。不久，他就写出了一篇振奋人心的文章，这篇文章迅速在英国传播开来，成为人们心中的一盏明灯。

心灵悟语

"全世界的黑暗，也不能使一根蜡烛失去光辉。"一条多么朴实的人生哲理啊！无论你的处境有多么糟糕，也无论你遭受了多么沉重的打击，只要你始终坚信，黑暗是不能掩盖光明的，只要你心中的蜡烛还亮着，你就不会倒下，你就有机会重新来过。

“沙漠章鱼”的舍与得

在非洲纳米比亚和安哥拉边界的纳米布大沙漠中，生长着一种奇异的植物，名叫千岁兰。顾名思义，这种植物可以在干旱的沙漠中生存上千年，据科学家测定，最长寿的一株千岁兰已经活了2000多年。

众所周知，纳米布大沙漠是世界上最古老、最干燥的沙漠之一，年降水量不足25毫米，有时整整一年都不下一次雨。我们很难想象，在如此恶劣的气候环境下，千岁兰却能屹立不倒，长存千年。那么，千岁兰是如何创造这一奇迹的？它经久不衰的秘密又是什么呢？

千岁兰一般生长在沙漠宽而浅的谷地内，根深深地扎在砂石之下，它们的茎十分发达，最高可以长到两米，直径最大可以长到八米。也就是说，千岁兰的高远不及它的粗，虽然这样看起来不够壮观，却能有效地保护自己，避免被风暴折断。

每一株千岁兰的顶部边缘都长着两片长长的叶子，宽约30厘米，长两三米，这两片叶子一旦长出后，就与整个植株相伴终生，不离不弃。也许大家会觉得奇怪，在常年高温、干旱的沙漠中，植物们为了减少蒸发，总是尽量使自己的叶片变得细若针尖，可为什么千岁兰却偏偏逆天而行，让叶片长得又大又长呢？原来，千岁兰这样做是有目的的，因为它的叶子里含有许多特殊的吸水组织，并能够吸取空气中的少量水分，这使它能够在久旱不雨的沙漠中坚强地存活下来。

当然，天下之事，有利必有弊，叶片越大，越加快了水分流失，也越容易枯死。在千岁兰的成长过程中，由于干旱、沙石的不断磨损，加之狂风的蹂躏，叶片前端最容易流失水分，进而干枯。但是，要想获取空气中稀有的蒸气和水分，又必须保持叶片旺盛的生命力。为了克服这一缺陷，千岁兰将珍贵的水分储存在粗壮的叶茎内，前边的叶子枯死了，后边新生的叶子就赶紧补上，如此循环，生生不息。不知情的人还以为它的叶子不老、不衰、不损伤。而事实上，千岁兰的叶子基部有一条生长带，那里的细胞有分生能力，不断地产生新的叶片组织，前面的刚刚干枯，后面的就紧紧跟上，以补充叶片的损失。一些存活了上百年的千岁兰，叶片往往被分裂成许多狭条，大风一吹，就散乱扭曲，远远望去，犹如一只只匍匐在沙漠上的大章鱼，因此千岁兰又被人们形象地称为“沙漠章鱼”。

依靠这种方式，虽然千岁兰舍弃了长高，舍弃了最前端的叶片，但它却活成了沙漠中的王者，笑傲黄沙上千年。

其实，千岁兰的“舍”与“得”像极了我们的人生。在漫长的人生旅途中，总有些该放弃的东西，毫不犹豫地舍弃一棵小树，也许就会赢得一整片树林。不要让无谓的事物成为我们生命的负担，左右我们的行为，一心一意地坚守正确的抉择，并让它成为我们生命的源泉和动力。

心灵悟语

人生中有一种智慧叫“舍得”。适时舍弃的人，既明白生命的局限，也懂得生命的潜力，更会运用这种智慧培养出一种良好的心态，坦然地面对生活。舍弃不是逃避困难、不思进取，而是更准确地估量自身能力、审视周遭局势，从而追求更加完满的人生。

上帝只赐予种子

杰西大学毕业后，开始四处寻找工作，然而他遇到了一个毕业即失业的时代，去了好几家公司都没有应聘成功。杰西心灰意冷地回到家里，他向父亲抱怨道："当初你非要让我上大学，非要让我学金融管理，现在怎么样，还不是照样找不到工作！"

父亲安慰他说："孩子，你别着急，只要有耐心，肯定能找到自己满意的工作。所谓好事多磨，他们拒绝你是他们的损失。"话虽这么说，但杰西的父亲还是决定亲自出马，去找他的老朋友西蒙帮忙。

西蒙是一家集团公司的总裁，杰西的父亲曾救过他的命，两人有着深厚的感情，只要他开口，西蒙是很难拒绝的。杰西的父亲信心十足，他向西蒙说明了来意，并希望他能给儿子安排一个重要的职位，诸如部门经理或主管什么的。西蒙听后微笑着说："亲爱的朋友，以你我的交情，不要说部门经理，就是总经理、副总裁我都能给，但我不能那么做，因为他是你的儿子，我只能给他一个普通的职位，一切得靠他自己努力。”

杰西的父亲非常失望，他有些生气地说：“这是为什么呀，难道你不相信我儿子的能力吗？要是这样，就当我没有来过。”说完，杰西的父亲站起身。西蒙一把抓住杰西父亲的手臂说：“老朋友，你别生气，先坐下来听我把话说完。”

西蒙微笑着说：“从前，有一个饥饿的农夫向上帝祈求粮食，上帝答应了他。农夫喜出望外，准备了很大一个仓库，等待上帝的恩赐。但让农夫失望的是，上帝并没有直接赐予他粮食，而是一定数量的种子。上帝说，虽然我赐给你的只是一些种子，但如果你把它们种在土里，并给它浇水、除草、施肥，到了秋天，不就能收获满仓的粮食吗？其实，大学文凭就像一粒种子，而我能给你儿子的是一片土地。”

心灵悟语

“授人以鱼”不如“授人以渔”。充实的人生没有近路可走，只能依靠自身踏实学习，一步一个脚印地努力达成。美好的人生不就是亲手播下幸福的种子，在历经春夏秋冬、风花雪月的洗礼后，长出茁壮的果实吗？

我做绿叶你做花

塞缪尔·杰克逊是好莱坞著名影视演员，被誉为“有史以来最卖座的电影演员”。他曾出演过众多大家耳熟能详的经典影片，如《侏罗纪公园》《低俗小说》《星球大战前传Ⅰ》《钢铁侠Ⅱ》《复仇者联盟》等。然而，在塞缪尔40余年的演艺生涯中，他所扮演的角色却大多是配角。

1972年，塞缪尔怀着一腔热血来到了纽约，他计划立足影视圈并在此开创一番自己的事业。他像所有渴望成功、渴望成名的年轻演员一样，希望有朝一日能扮演主角，进而一炮走红、家喻户晓。然而，做一个演员并没有塞缪尔想象的那么简单。首先，塞缪尔非专业出身，而是半路出家，他之前的专业是建筑，又没有熟识的导演和演员为他引路。其次，他还有一个致命的硬伤——口吃。再次，从外貌来看，塞缪尔也不具有得天独厚的优势，他不够英俊，更不是那种能够让人一见即印象深刻的人。尽管如此，塞缪尔依然坚信，是金子一定会发光，只要自己肯努力，就总有一天能够成功。

现实往往是残酷的，虽然塞缪尔去了很多家电影公司，但是都被导演或制片人拒绝了，理由很简单，他没有什么特别出众的地方。塞缪尔不禁有些心灰意冷，他问自己："难道我天生就不是演戏的料吗？"

正当塞缪尔准备放弃演员之梦时，他的父亲打来电话，他对塞缪尔说："为什么你不试着从一个配角做起呢？记得小时候，我们家院墙边有一棵树，每到花开时节，院子里总散发出一股甜甜的清香，我非常喜欢这种花，但遗憾的是，每次总有人捷足先登，我一朵花也没有摘到。后来，我想通了，既然摘不到花，为何我不采一片绿叶呢？"接着，父亲话锋一转，语重心长地说："孩子，一株玫瑰，它上面没有几朵红花，但绿叶却有无数，你为什么不放弃红花，而选择绿叶呢？花有花的美丽，叶有叶的灿烂，谁又能说绿叶不如红花呢？"

父亲的话给了塞缪尔很大的启发，从那以后，他不再梦想着当主角，而是选择别人看不上的配角，并将配角当作主角来演，哪怕只有很少的戏份，他也会付出百分之百的努力。他觉得，一部电影，光是主角唱不完这台戏，配角也很重要，既然如此，他就演好绿叶，为红花做好陪衬。

塞缪尔的努力终究没有白费，他那种冷漠中带有一点质疑的表演风格受到了观众的热烈追捧，他也从一个毫不起眼的配角摇身变成了一位闪耀的明星。渐渐地，观众发现，没有塞缪尔这个配角，仿佛整部电影都没了特色，没了意思。

1991年，塞缪尔出演了《丛林热》中一位吸毒成瘾的流浪汉，并由此获得了生平第一个大奖——戛纳国际电影节最佳男配角奖。随后，他又出演了《低俗小说》中的配角，因为在电影中的精彩表现，他获得了奥斯卡金像奖与金球奖最佳男配角提名，并斩获了英国电影电视学院颁发的最佳男主角奖。

2000年，塞缪尔受邀出演电影《黑豹》，这一次，他终于从配角走向了主角。事实上，在影迷们的心中，他一直都是主角，是永远的主角。

心灵悟语

人的一生，其实就是一个不断妥协，又不断奋起的过程。从生到死，我们不断地妥协，又不断地奋起直追。有时候，向生活微微妥协，先做一片简单的绿叶并不是坏事。退避，不是气馁，而是慢慢积蓄力量，静待花开。

成功总在转角处

那年，罗伯特满怀信心地来到纽约的一家夜总会应聘。他从小就跟母亲及玛尔戈利斯学习声乐，加上自身独特的嗓音，在一个小小的夜总会担任主唱，应该绰绰有余。按照招聘方的要求，每个应聘者都必须试唱一首歌曲，虽然罗伯特对自己的演唱功底毫不担心，但他还是精心地准备了一番，毕竟这是他职业生涯的开始，况且他还要靠这份工作生活。

试唱的时候，罗伯特的表现还算不错，尽管没有达到完美无瑕的程度，但和其他应聘者比起来，优势十分明显。考官也非常满意，打算立即录用他。然而，让罗伯特意想不到的是，节目导演早有内定人选，其他试唱者不过是陪衬罢了。

面对这种不公平的竞争，罗伯特非常生气，他找到节目导演理论，要求他说出一个不雇用自己的理由。节目导演轻蔑地说：“年轻人，我没有心情给你解释，你歌唱得好又怎样？有本事你去大都会歌剧院啊！”

大都会歌剧院是一个具有领导地位的世界级歌剧院，创建于1880年，是纽约林肯表演艺术中心的核心部分，它将古典与现代艺术融合于一体，规模庞大，人才辈出，是所有音乐人的梦想。当然，彼时的节目导演只是挖苦罗伯特，他并不认为罗伯特有这方面的潜质。

初次求职就遭到这样的羞辱，罗伯特沮丧至极，他甚至想过放弃。不过，一向坚强乐观的他很快就冷静下来，他决定把这次教训当作人生中的一个小插曲。他认为，节目导演的话也不是全错，何必把青春浪费在夜总会这样的小地方呢？自己是一只雄鹰，要向更高、更远的目标——大都会歌剧院进发。

经过一年多的刻苦训练，罗伯特带着自己的雄心壮志来到了大都会歌剧院。这一次，他的试唱非常成功，赢得了评委们的一致好评，并顺利地成为大都会歌剧院的签约艺人。1945年，罗伯特获大都会歌剧院广播演唱比赛奖；同年，他受邀出演《茶花女》中的男中音主角；接着，他又饰演了斗牛士、瓦伦丁、费加罗、弄臣、恩里科、罗德里戈、雅果、斯卡皮亚等多个经典歌剧角色，成为大都会歌剧院最受欢迎的演员之一。

随后，罗伯特的足迹遍及欧美，他以畅达嘹亮的嗓音、真挚生动的情感打动了亿万听众，成为美国最负盛名的男中音歌唱家。

有人说："上帝给我们关上一道门时，常常会为我们打开一扇窗。"每每忆及那段往事，罗伯特总会激动地说："要感谢那次拒绝，不然的话，大都会歌剧院的门永远也不会为我敞开，或许现在的我还是夜总会里一位名不见经传的歌手，每月拿着几百美元的薪水。"

心灵悟语

成功失败，悲欢离合，世界上每天都上演着许多或励志，或悲伤的人生故事。有的人为了获得成功千方百计，有的人面对失败痛苦惋惜。其实世上并没有绝对的失败者，与其哀叹，不如加倍努力，成功总在转角处，希望会在下一个路口等着你。

总有一片土地适合自己生长

他出生在捷克布拉格的一个犹太商人家庭，从小性格孤僻、沉默寡言、懦弱胆怯、多愁善感，总喜欢一个人躲在角落里发呆。父亲对他很不满意，觉得这不是一个男子汉应该有的性格。父亲片面地认为，只有那些活泼开朗、能言善辩、坚强勇敢的人，将来才会有出息。为了把他培养成为那样的人，父亲煞费苦心，甚至拿着皮鞭把他从家里赶了出去，逼着他与人交往，让他做自己不喜欢做的事情。

刚开始，他很难过，试图去改变自己，做一个让父亲喜欢的“好儿子”。然而，“江山易改，本性难易”，无论他怎么努力，始终无法战胜自己内心的怯懦。他做不到口若悬河、当机立断，更不会英勇神武、奋不顾身。与其他同伴相比，他是那么格格不入。那段时光里，他自卑到了极点，甚至觉得自己一无是处。

父亲的严厉和粗暴非但没能改变他，反而令他更加恐惧和不安，让他变得比以前还要懦弱、胆小。在父亲一次次的伤害中，他学会了察言观色，学会了承受和忍耐，也体会到了生活的痛苦与无奈。他常常把自己独自关在房间里，小心翼翼地审视着周遭的一切，生怕再受到任何伤害。在父亲的眼里，他是一个彻头彻尾的懦夫、一个毫无前途可言的可怜虫。

但出人意料的是，他并非像父亲想象的那样无能，18岁时就考入了布拉格大学，还获得了博士学位。更令人震惊的是，一次偶然的机会，他走上了文学创作的道路，他把对生活的敏感、怯懦的性格、难以排遣的孤独和危机感、无法克服的荒诞和恐惧情绪与自己的小说相融合，形成了独特绚丽的作品风格，成为那个时代资本主义社会的精神写照。他就是世界级文学大师、现代派文学的开山鼻祖弗兰兹·卡夫卡。

尽管生命中有些东西无法改变，比如性格、容貌、高矮等，但对于这些与生俱来的“缺陷”，我们没有必要一定要改变它们，更不要为此懊恼和自卑。天地之宽，道路之广，只要用心，无论你是一朵什么样的花，都会找到适合自己生长的土地。

心灵悟语

每个人都有自己的优点，同时也都有自己的缺陷，与其抱怨上天对自己的不公，不如去寻找一片更适合自己生长的土地。你若盛开，清风自来。

第二章

不问忧伤，不负光阴

曾经的挫折如何练就了强大的自己？湛蓝天空，一道弯弯的七色彩桥悬空而挂，壮观美妙，可有谁知道那彩虹前的风雨？天地混沌，曙光初放，闪耀夺目，可有谁知道那黎明前的黑暗？人生路上，只有在逆境中不断挑战自我、突破极限，才能成为生活的强者，才能用生命的火花去照亮通往未来的征程。

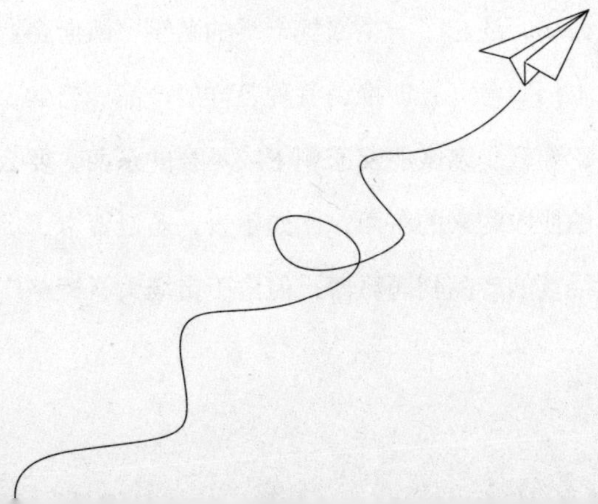

没试过怎么知道不行?

史蒂夫·凯斯曾是一位商界的风云人物，他很小的时候就胸怀大志，雄心勃勃地想要开一家公司。父亲笑他说：“凯斯，你只是一个什么都不懂的小屁孩儿，别整天做白日梦了！”母亲也劝他说：“凯斯，你想开公司，我不反对，但你必须等到18岁以后，因为你现在根本没有那个能力。”小凯斯听后理直气壮地说：“没有试过，你们怎么知道我不行呢？”

起初，大家都以为凯斯是闹着玩的，但没过多久，他真的和哥哥开了一家公司，还起了一个霸气十足的名字“凯斯企业”。公司的主要业务是“上门服务”，即推销各种各样的产品。当然，“凯斯企业”所谓的产品，要么是亲戚朋友家剩下或不要的东西，要么是他们自己制作或花很少的钱收购来的东西，比如手表、圣诞贺卡、玩具、花籽等等。尽管凯斯经营的产品利润微薄，但由于市场大、销路广，他还是从中赚到了不少钱。当凯斯将挣来的钱放在父母的面前时，他们全都傻眼了，从那以后，家里再也没有人敢轻易对凯斯说“你是个小孩儿”“你不行”之类的话了。

大学毕业后，凯斯的同学大多都选择了进政府机关或学校工作，而凯斯却异想天开地想去宝洁公司上班，并且是奔着经理一职。有同学劝他说：“宝洁公司可是一家大公司，他们的要求非常高。我们刚刚跨出校门，最好还是将目光放低些，免得期望越高，失望越大。”果然，在众多应聘者之中，凯斯第一个被刷了下来。宝洁公司拒绝的理由很简单，一个初出茅庐的大学生，既没有工作经验，又不是科班毕业（凯斯学的专业是政治），能做好营销这一块吗？凯斯很不服气地对考官说：“你没有用我，怎么知道我干不好呢？”后来，凯斯直接去了美国俄亥俄州的辛辛那提，因为那里是宝洁公司的总部所在地。凭着一股子牛劲，凯斯硬是争取到了面试的资格，并成功应聘上了助理品牌经理这个职位。

27岁那年，凯斯有一个梦想，那就是开一家像微软和苹果那样的大公司。很多人都笑他，狂妄自大，不知天高地厚。可凯斯却满不在乎地说：“没有试过，谁又能说我不能成为第二个盖茨或第二个乔布斯呢？”说干就干，凯斯很快就与人合开了一家名为“量子”的计算机信息数据公司（后来更名为“美国在线”），主要业务是为计算机用户提供在线信息服务。当时不少业界人士都不太看好“美国在线”，因为凯斯对电脑技术十分外行，并且对市场也缺乏了解。而凯斯却信心满满，他认为市面上的其他计算机信息公司过于依赖技术，却忽略了消费者本身。于是，他把主要精力放在如何为消费者提供优质、舒适、快捷的服务上。

正是凭着这一另类的经营理念，“美国在线”吸引了众多的普通消费者，并在短时间内声名鹊起，一跃成为全球第七大公司，市值超过1600亿美元。

心灵悟语

平顺笔直的大道注定会平淡无奇，世界上最美的风景往往都藏在深山沟壑中，藏在曲折的小路深处。没有去过又怎知到不了？一双聪明的眼睛，总能坚持不懈，总能在逆境中望见人生的意义所在。

幸福来自彻骨的痛

夏天的时候，母亲给我买了一双足底按摩拖鞋，说是有保健的功能，让我穿着试试。看到拖鞋的款式还不错，于是我就高兴地穿上了。谁知穿在脚上才感觉很不舒服，犹如根根针刺。我想脱下鞋子，但一想到这是母亲对自己的关心，只好勉为其难地穿着。

夏天过去了，天气渐渐转凉，于是我换上了厚拖鞋。当我穿上厚拖鞋的那一瞬间，我感到没有什么比这更快乐、更幸福的了！我很奇怪，这只是一双普通的拖鞋呀，以前我穿上它时，从来没有这样的感觉。

12岁那年，我随父母来到了新疆，望着“大漠孤烟直，长河落日圆”的景象，我惊叹不已。于是在一个周末，我邀约了几个同学一起去沙漠玩耍。

起初，我们不敢走得太深入，但后来，我们在沙漠里发现了几只狐狸，在追赶它们的过程中，我们迷路了。从上午一直走到下午，也没能从那一望无际的沙漠中走出来。我们渴得喉咙直冒烟，几乎瘫软在地上，幸好遇到一个石油工人途经此地，才将我们安全地带了出来。回到家中，当我“咕噜咕噜”地喝着一大碗清水时，觉得没有什么比这更快乐、更幸福的了！我很奇怪，这只是一碗普通的水啊，我每天都喝，却从未有过这样的感觉。

16岁那年，处于叛逆期的我离家出走了。我以为外面的世界很精彩，可是青春欺骗了我，我不但没有找到工作，而且身上仅有的50元钱，也被别人骗去了。我流落在城市的街头，城市之大，却没有一个供我容身的地方。我流浪了一个星期，最后在一位好心人的帮忙下我才回到了家乡。在村口，当我看到父亲和母亲焦急的身影时，禁不住泪流满面，觉得没有什么比扑在亲人的怀里更快乐、更幸福的了！我很奇怪，以前我每天都曾拥有这样的关爱，却从未有过这样的感觉。

三年前，我患了一场大病，在医院里足足住了两个多月。每天都局促在一张小小的钢丝床上，从早到晚，看护士和医生们进进出出，数着暗黄的液体滴滴下坠，望着天花板上的纹路发呆，闻着空气中刺鼻的药水味叹息。偶尔也会跑到医院的花园中去，细数花坛中的片片落红，古树上掉下的张张枯叶，缝隙处钻出的只只蚂蚁。我整夜整夜地失眠，一闭上眼，就怕再也看不到自己的亲人了。两个多月，宛若一个世纪，犹如身处炼狱般难熬。终于盼到了出院，当我回到家中的那一刻，觉得没有什么比这更快乐、更幸福的了！我很奇怪，以前我每天都生活在这种环境之中，却从未有过这样的感觉。

原来，幸福都来自彻骨的痛。蝴蝶历经了蜕变的痛苦，才有了化蝶的美丽；凤凰历经了浴火的痛苦，才有了重生的喜悦。是痛苦，让我们真正体会到了幸福，也让我们懂得了珍惜。

心灵悟语

欢笑转瞬即逝，疼痛却总让人久久不能忘怀。因为疼痛，教会我们成长。那彻骨的痛，不仅仅是为了成长，更多的是让我们学会珍惜身边平淡如水的幸福。

“背石头”的启示

从前，有一个孩子，他性格胆小而内向，学习成绩也不太好，在学校经常挨老师的批评，同学也时常嘲笑他。为此，他十分苦恼，想要改变自己的处境，成为一个老师喜欢、同学尊敬的好学生。可是，怎样才能提高自己的学习成绩呢？在这方面他一点经验也没有，又不敢向老师请教，于是他只好在书中悄悄地寻找答案。

孟子说：“天将降大任于斯人也，必先苦其心志，劳其筋骨，饿其体肤，空乏其身，行拂乱其所为。”韩愈说：“业精于勤，荒于嬉；行成于思，毁于随。”而冯梦龙说：“不受苦中苦，难为人上人。”看来，获取成功最有效的方法，就是勤奋与刻苦。只要自己能付出别人双倍的努力，甚至数倍的努力，相信用不了多久，自己也可以站在学校的领奖台上。

从那以后，他把所有的精力都用在了学习上，每天挑灯夜战，周末和节假日也不休息，一头扎在了书山题海里。他本以为到了期末，即便自己不能考到班级第一，至少也能考进前十。然而，令他感到沮丧的是，一学期结束后，他把自己弄成了近视和神经衰弱，而学习成绩却仍然没有提高。

那天，他终于忍不住扑在父亲的怀里放声大哭，并绝望地告诉父亲，不是自己不努力，而是自己根本就不行。父亲听后，没有像往常那样安慰他、鼓励他，而是从后山捡了一背篓碎石头回来，这些石头起码有50多斤重。父亲命令道："孩子，把它背起来！"他低着头，不敢正视父亲威严的目光，他不明白父亲叫他这样做有什么用意，但他还是委屈地听从了。

他蹲下身子，将背篓上的两根绳子挂在肩上，然后使劲地想站起来。可是，背篓实在太沉了，他尝试了很多次，也没能将背篓背起来，还差一点闪了腰。他无可奈何地望着父亲说："不是我不尽力，而是我的力量不够。"父亲听后，不仅没有责怪他，还伸出手，慈爱地抚摸着他的头说："孩子，没事，你别着急，慢慢来，爸爸相信你能行的。"说完，父亲将背篓里的碎石取了一半出来，让他重新去背，这一次，他没有费多大劲儿就将背篓背了起来。

接下来的日子，父亲每天都让他背着背篓去上学，并且每隔一段时间就往背篓里添加些石头。半年后，他惊奇地发现，自己竟然不知不觉地可以成功地背起一背篓的石头了。他高兴地把这个好消息告诉了父亲。父亲听后满意地笑了，并语重心长地对他说：“孩子，其实学习就跟背石头一样，如果你一次背得太多，身体肯定承受不了，那样只会给你带来伤害；但如果你懂得循序渐进，一点一点地增加分量，日积月累，你定然会取得优异的成绩。”

心灵悟语

一条不堪重负的小船，当它在大海中遇到风暴的时候，很容易就会被掀翻；只有那些承载了很多货物的船只才能在暴风中稳定地前行。生命亦是如此，不急于求成，脚踏实地做好每一件事，日积月累，便也能在人生的风浪中稳固前进。

人生如同爬坡

那天，由于工作不顺利，我的心情特别烦闷，我索性放下手头的活儿，选择了一处郊区马路，沿途暴走。走着走着，前面出现了一个持续性的长坡，逶迤绵延，起码有好几公里。正当我打算沿路返回时，一辆人力三轮车出现在我的视野中，一位中年人正费劲地踩着踏板，他大口大口地喘着粗气，身上已是大汗淋漓。中年人勉强坚持了一会儿，但坡度实在太大，根本无法继续前行，他只好跳下车，把住扶手，慢慢地推着车走。

望着中年人一副吃力的样子，我赶紧跑上前帮忙。中年人回过头，朝我笑笑，算是打招呼。在我的协助下，中年人手上的重量轻了许多，他随即与我闲谈起来。中年人说，他每天都要经过这里，都要推行很长一段时间，已经习以为常了。

我好奇地问他："这样的长坡，难道你不烦吗？"中年人说："为什么烦呢？虽然上坡很辛苦，但我能看到目标，并通过自己的努力一步步地靠近目标。换句话说，每上一步，我都有一种征服感、一种成就感，并且翻过这座山就到我家了，再多的汗水也会化成幸福的源泉。而下坡，尽管很容易、很轻松，但却看不到尽头，看不到潜在的危险，它常常会让人麻痹大意，从而酿成灾祸。你见过几起上坡时的车祸？你又听说过多少下坡时的车祸？”

到达半山腰时，中年人停了下来，他递给我一支烟说：“咱们先休息一下，反正也不急在这一时，休息好了，才有力气继续爬坡。”在休息的空当，我向中年人诉说了自己的苦恼。中年人听后笑着说：“人生在世，基本上可以归纳为两种状态，一种是爬坡，一种是下坡。从表面上看，爬坡充满了艰辛与坎坷，需要付出很大的努力，但实际上，上坡的人生，有着无限的期待，因为‘无限风光在险峰’。所以，在整个向上爬的过程中，心中始终充满着激情，充满着希望。即便遇到挫折，也会想办法克服。再多的磨难，再多的辛酸，只要有梦想的支撑，也是甜而有味的。”

听了中年人的诉说，我豁然开朗。现在我正处于创业阶段，就如同面对一个蜿蜒崎岖的长坡，什么情况都可能遇到。英国诗人托马斯·斯特恩斯·艾略特曾说：“我们不知道我们要什么，就不知道我们是什么，我们不知道我们是什么，就不知道我们要什么。”虽然上坡考验着一个人的耐力和韧性，但也向我们指示着胜利就在不远处。比起成功，眼前的困难又算得了什么呢?

细细想来，其实我们的人生也如同爬坡，无论工作、生活、爱情，总在上坡与下坡之间往复。没有上不完的坡，亦没有下不完的坡。

30分钟后，我们终于爬到了山顶，中年人长长地舒了一口气，他感激地对我说：“年轻人，谢谢你！苦心人，天不负，咱们一起努力吧！”

心灵悟语

我们总希望自己的人生万事如意，然而困难、不幸却总会出现。当生活不尽如人意时，不妨换一个角度看，调整好自己的心态，在坎坷的路上坚持走下去，那么，你就能在痛苦的旋律中演绎出快乐的音符。

蝴蝶效应

一只生活在南美洲热带雨林中的蝴蝶，轻轻地扇动了几下翅膀，结果两周以后，在美国得克萨斯州引发了一场罕见的龙卷风。这两件看似毫不相干的事情，其实有着紧密的内在联系。蝴蝶在扇动翅膀时，导致身边的空气系统发生变化，并产生微弱的气流，而微弱气流的产生又引起四周空气或其他系统产生相应的变化，由此引起一个连锁反应，最终导致其他系统的极大变化。这个原理被人们称作“蝴蝶效应”。

“蝴蝶效应”是1963年美国气象学家爱德华·罗伦兹提出的，虽然人们发现这个原理的时间比较晚，但事实上，早在2000多年前的中国就已经上演了。

公元前221年，秦始皇灭掉六国，结束了500多年来诸侯割据的局面，建立了一个强大的帝国——秦朝。然而，就是这样一个不可一世的王朝，却在十几年后，毁在了两只小小的“蝴蝶”身上。

公元前209年（秦二世元年），为抵御匈奴的侵犯，秦朝征发闾左贫民900余人前往渔阳戍边，途经蕲县大泽乡时，遇到连日大雨，道路被淹，队伍不能进发。按当时的律法，凡戍边民夫不能准时到达者，一律斩首示众。而大泽乡距渔阳有几千里之远，他们无论如何也不能如期赶到，大家心急如焚，不知如何是好。在这生死攸关之际，身为屯长的陈胜和吴广私下商议，如今去渔阳是死，不去渔阳也是死，横竖是死，不如就地起义。于是，在万般无奈之下，陈胜和吴广杀死押解戍卒的将尉，假借扶苏和项燕之名，高呼"伐无道，诛暴秦"的口号，带领戍卒闹起了革命。

起义军迅速攻克了大泽乡乃至蕲县，所到之处，被压迫的农民纷纷前来投奔，很快壮大为拥有兵车六七百乘、战马千余匹、战士几万人的队伍，并在陈县建立起张楚政权，召集各方仁人义士，共同商讨反秦大计。

在陈胜、吴广的影响下，全国各地纷纷响应，举起反秦的义旗，很快汇合成一股巨大的洪流，形成了以陈胜为中心的全国性农民战争。在农民起义的推动下，六国贵族和中小官吏也纷纷投奔到起义的队伍中来。尽管最后，陈胜和吴广没能推翻秦朝的暴政，却给秦王朝带来了沉重的打击，更重要的是，起到了"蝴蝶效应"的连锁作用，令后来的秦王朝土崩瓦解。

陈胜和吴广是什么人？据《史记·陈涉世家》记载，陈胜，字涉，阳城（河南登封）人，为人佣耕；吴广，字叔，阳夏（河南太康）人，为贫苦农民。这两个毫不起眼的小人物，就如同热带雨林中的两只蝴蝶，尽管他们渺小得甚至可以忽略不计，却掀起了一场惊涛骇浪。

就这样，一个雄霸天下的帝国毁在了一项不合理的制度上，毁在了两只小小的“蝴蝶”上。

正如英国诗歌所说的：“丢失一颗钉子，坏了一只蹄铁；坏了一只蹄铁，折了一匹战马；折了一匹战马，伤了一位骑士；伤了一位骑士，输了一场战斗；输了一场战斗，亡了一个帝国。”一些看似微小的隐患，经过一系列连锁反应，最终都可能导致巨大的危机。

心灵悟语

在我们的工作和生活中，会遇到许多看起来不起眼的小问题，如果不懂得防微杜渐，不引起足够的重视，或处理不当，就很有可能会酝酿成一场毁灭性的灾难，令我们的人生毁于一旦。

会走路的树

在南美洲一些向阳的山坡和岩石缝间，常常会看到一种奇异的植物，它的名字叫卷柏，也叫长生草、九死还魂草、风滚草。

听到这些不同凡响的名字，人们免不了会感到好奇，这种植物到底有什么神奇的地方，竟让人们对它如此敬畏呢？原来，是因为卷柏有两种特殊的本领。

人们常用“妙手回春”“起死回生”来形容一个医生的医术高明，而卷柏本身就能做到“死”而复生。在水分充足的季节里，卷柏相比其他植物更懂得珍惜，它抓紧时间和机遇，尽情地吮吸着雨露甘泉，肆意地舒展着绿油油的枝叶，以昂扬的姿态迎接着灿烂的阳光，把最美的一面展现在人们的面前。在水分不足，或完全没有水分的日子里，卷柏会暂时收起迷人的身姿，蜷缩成一团，并渐渐失去惹眼的绿色，变得枯黄干涩，如同死去一般。但只要遇到水源，它又会奇迹般地“死”而复生，如松柏般苍翠。

卷柏最奇特的本领还在于，它能“走路”。这听起来似乎有些匪夷所思，或许有人会认为这是无稽之谈。卷柏又没有脚，如何走路呢？而事实上，卷柏真的能“走路”。

南美洲的生存环境十分恶劣，植物常常遭受缺水的状况，尤其是卷柏，喜欢生长在干燥的岩石缝隙中或荒山上，而这些地方更容易缺水。失去了赖以生存的水分，植物就无法生长，这是自然法则。卷柏以自己独有的方式，将身体蜷缩成一个圆球状，并尽量减少水分蒸发，然后把根从土壤里拔出来。由于它的身体很轻，又很圆，只要微风拂过，它就会随着风向而滚动。找到水源后，它又会将自己的根重新植入泥土里，并迅速舒展抱成团的枝叶，泛出醉人的绿意。就这样，卷柏不停地“游走”着，像一个热爱旅行的驴友，成了植物王国里的旅行者，完成了生命中一次又一次华丽的“重生”。

心灵悟语

当我们遭遇巨大的困难时，要不退缩，不放弃，积极、勇敢地寻找解决问题的办法。人生中没有什么大不了的事，也没有什么过不去的坎，植物尚且如此，更何况是我们长着双手双脚、拥有智慧的人呢？

梦想，从小事开始

他出生于密西西比州一个黑人家庭，由于家中兄妹众多，加上父母收入低下，他们的日子过得捉襟见肘，以至于年少时他想买一辆自行车的愿望也成了一个遥不可及的梦想。但是，贫寒的生活并没有让他丧失信心，反而让他更加勇敢。

16岁那年，为了减轻家庭负担，他不得不外出打工，在一家车行帮人洗车。在常人眼里，洗车工是一个没有前途的职业，若非被生计所迫，没有哪个年轻人愿意做这份工作。

在这家车行里，一共有十几个洗车工，大家似乎都对这份工作不满意，但又显得无可奈何。因为他们没有什么特别的本领，实在无法找到比这更好的工作。

车行的工作是十分辛苦的，他每天都要工作十几个小时，常常累得连腰都直不起来，并且还要遭受老板的责骂和客户的白眼。即便这样拼命地工作，他每天也只能得到十美元左右的报酬。一个夏天过去，他变得更黑，更瘦了，内心也更加失落。于是，他萌生了离开的念头。

这天，他去拜访一位朋友，这个朋友住在一座山上，连接他家的是一段高高的石阶。走着走着，他突然若有所悟，每个人都渴望成功，都希望站在令人仰慕的塔尖之上，可是，要想到达最高处，又必须从最低处拾级而上。虽然洗车工是一份让人不屑一顾的职业，但它却是一次很好的学习和锻炼机会。本来，工作就是自我价值与能力的体现，只要干好了，每一份工作都是一级通往成功的台阶。试想，一个连小事都干不好的人，又如何能干出一番大事业呢？从那以后，他坚定了信心，又重新回到了车行。

洗车的经历，让他深深地明白：要想成为工作中不可或缺的人物，就得尽快熟悉工作的每一个环节，掌握工作的每一项技能。于是，他虚心地向老工人们学习车厢吸尘的技术、清洁轮胎的技术、擦拭车身的技术。没过多久，他就成了车行里的头牌，许多人都争着、抢着要他洗车。

在车行工作期间，他还学会了团队协作，与工友们配合得亲密无间。他知道，很多时候，要干好一件事情，不是光凭一个人的努力就能办到的，还必须依靠集体的智慧和力量。

每每遇到困难时，他就鼓励自己，困难就像下雨天，如果每次一下雨你就说“我不能出门了，只能在家里睡觉”，那你就什么也做不成，因为天气不可能永远都是晴朗的。对待挫折，他总是抱着一种积极乐观的态度。

后来，他离开了车行，开始了自己的求学之路，通过自己的努力考取了普林斯顿大学。再后来，他创立了属于自己的公司，成为第一位黑人亿万富翁、纽约证券交易所第一家黑人控股公司的创始人、大型球队的第一位黑人老板。

他就是美国黑人娱乐电视网（BET）的创始人罗伯特·约翰逊。从一个不起眼的洗车工到一位商业巨鳄，约翰逊一步一步地实现了自己的人生梦想。约翰逊说："要想取得成功，必须有自信、决心和意愿把一件事情做好、做成。"

心灵悟语

困境是人生的必修课，也是人生的试金石。当你脚踏实地地去学习如何脱离困境，从那一刻起，你就已经成功了一半。不要认为身边的小事对成功无益，实际上，每做好一件小事，你已经离梦想更进一步。

两种心态，两份人生

丽莎是一家大型商场的服务员，她在这家商场已经工作了整整五年，她工作十分努力，每天早早上班，最后一个下班。但不知什么原因，却一直没有得到提升。为此，丽莎常常抱怨领导没有眼光，不懂得用人。她非常失望，决定把这个月干满，就辞职走人。

这天，丽莎像往常一样来到商场上班，她麻木地应付着一个接一个的顾客。时间就像被拉长了一样，怎么也盼不到下班。不知过了多久，她突然想起今天是儿子的生日，她想打个电话给丈夫，让他回家时顺便买一个蛋糕。可是，当她伸手去摸柜台抽屉里的手机时，却发现手机不见了。她心里一惊，这是前天才买的新手机，几乎花去了她半个月的工资。于是，她开始回忆手机在什么时候、什么地方丢的。来到商场后，她顺手将手机放在了柜台下面的抽屉里，除了中途去过一次厕所外，她一直没离开过柜台。可以肯定，手机是在那一时段被别人拿走的。

为了找到那个偷她手机的人，下班后，她急匆匆地来到了商场的监控室，调出了上午的监控录像。在监控录像里，丽莎看到了自己工作时的场景，懒洋洋的，没有一点儿精神，还不停地打呵欠。顾客来了，爱理不理，一副冷冰冰的面孔，像全天下的人都欠她似的；还有，因为一件小事，她与一位顾客发生了争执，那愤怒的表情就像骂街的泼妇。

丽莎从来不知道自己上班时的形象竟如此丑陋，那一刻，她的心灵受到了很大震动，一时间没了寻找手机的兴趣，而是调取了半年来自己工作时的所有监控录像。结果，丽莎惊奇地发现，自己很少对顾客微笑，也很少主动去拉业务。富有讽刺意味的是，在财务室领取薪水时，她的脸上堆满了笑容，表情看起来是那样温顺可爱，心情是那样高兴愉快。通过这两种表情的对比，丽莎一下子找到了答案，明白了五年来自己业绩一直上不去的原因。

从那以后，丽莎不再抱怨，也不再消极怠工，她像变了一个人似的，脸上始终洋溢着友善的微笑。无论顾客怎么刁难，她总是耐心地解释；无论顾客如何冲她发火，她总是笑盈盈地道歉。

她热情周到的服务，得到了顾客们的欢迎和好评，也得到了领导的认可和表扬。不久，丽莎就被提拔为销售部主任。

通常，人都有两种表情，一种是付出时的表情——抱怨、愤怒，一种是收获时的表情——轻松、喜悦；通常，人也有两种心态，一种是消极被动的心态，一种是积极主动的心态。在日常生活和工作中，如果能以收获时的表情和积极主动的心态面对人和事，也许成就一番事业就不那么困难了。

一颗总是被动的心，是永远无法找到自己的快乐和存在价值的。因此，千万留神不要让良好的心态被不良情绪的黑洞给吞噬了。面对工作、生活中的不如意，最有力的回击就是用积极的心态去面对它，越是这样，你就越能摆脱长期破坏你健康心态的敌人，你就也越容易获得幸福的人生。

心灵悟语

生命的本质是给予而不是获取，人生路漫长，我们不能保证永远心情舒畅，但我们却可以选择将微笑给予他人，学会珍惜人与人之间的感情和缘分，这样，我们才能收获更多的理解和支持。

做一条奔流不息的小河

从前，有一个很不幸的年轻人，他做事总是失败，接二连三的打击让他丧失了生活的信念。于是，在一个焦躁不安的夜晚，他服下了半瓶安眠药，想要就此结束自己的生命。所幸他的父母发现及时，才挽回了他的生命。可是从此，他却变得萎靡不振，对什么事都提不起兴趣。为了治疗他内心的创伤，父亲决定将他送到农村的爷爷家休养。

在农村生活的那段时光里，他的心情并未得到多大的改变，每天除了吃饭、睡觉、玩游戏，他几乎什么事也不干。尽管爷爷、奶奶不断地安慰和开导他，他还是一副失魂落魄的样子，家人们都禁不住摇头叹息。

在距爷爷家不远的地方有一条小河，河水清澈透明，一年四季，涓涓流淌。夏天，两岸绿树成荫、芳草萋萋，分外美丽。一天，他百无聊赖地来到河边散步，这条河对他来说并不陌生，小时候他经常去河边玩水、钓鱼、抓螃蟹等，那时他是多么快乐、无忧无虑啊！想到如今自己遭遇的诸多不顺，他忍不住黯然神伤。此时正处隆冬，水位较低，小河显得瘦小而寒碜，加上两岸的草木全都枯萎了，没有一点生气，他的心情变得愈加落寞。他没想到，故乡的小河也会遭受与他相同的惨状。

不知不觉，半年过去了，他沉睡的心灵开始慢慢复苏。转眼到了夏天，几场大雨过后，小河变得丰盈、快活起来，又恢复了昔日的热闹。从他有记忆以来，这条小河就几乎昼夜不停地流淌着，除了偶尔的断流或干涸，许多年来，它始终保持着昂扬的姿态。

他沿着河岸一路前行，没走多久，发现前面不远处出现了塌方，从山坡上滚落下来的土石将河道彻底堵塞了。然而，让他感到惊讶的是，小河并没有因此失去方向，也没有因此停止前进。它先是在低洼处聚集，使得水位不断上升，当河水达到一定的高度时，它漫过了凸起的土石，继续朝着前方缓缓前行。

回到家中，他高兴地问爷爷："我们家门前的那条小河最终会流向哪里呢？"爷爷意味深长地说："它先是汇入大河，然后汇入长江，当然，它最终会流向大海，因为那里才是它真正的家。"

隔日，他再次来到河边，此时，在他的眼里，这条原本十分普通的小河一下子变得不平凡起来。年轻人想，对于小河来说，大海是一个多么遥远的地方，其间要经历多少道弯、多少道坎、多少道堰、多少重关、多少个日日夜夜的奔流不息啊！然而，小河从不自卑，从不气馁，从不认为自己肤浅，无论遇到怎样的阻挠和不幸，它总是信心十足地、义无反顾地勇往直前，直到看见大海。

那一刻，年轻人的心灵受到了极大的震撼，他想，一条河尚且能够克服前行中遇到的障碍，而自己作为一个活生生的人，又有什么过不去的坎呢？于是，他收起了内心的绝望与自卑，怀着敬畏的心情离开了家乡，回到了城市。

从那以后，年轻人不再彷徨，不再哀叹自己的不幸，也不再急于求成，而是孜孜不倦地朝着心中的目标一步步进发。他想，即便自己不能汇入大海，也要像小河那样滋养沿岸的人民，给大家带来福祉。

心灵悟语

生命短暂，我们应该把握住生命中的每一分钟，顽强地活着。如果想让你的生命更加丰富多彩，更加富有意义，那就努力珍惜当下所拥有的一切，做一条奔流不息的小河，并无怨无悔地向更广阔的生命之海流去。

未来是什么样子

未来是什么样子，这恐怕是无数人想知道，却又无法得到答案的一个问题。的确，未来存在着很多不确定因素，谁又能说清它将是什么样子呢？

曾经，有一位老师给一群劣迹昭著、无可救药的学生上了一堂课。她在黑板上出了一道选择题，题目是：你认为以下三个人中的哪个人将来会成为世人仰慕的楷模？A.笃信巫医，有两个情妇，有多年的吸烟史，而且嗜酒如命。B.曾经两次被赶出办公室，每天要到中午才起床，每晚都要喝大约1公升的白兰地，而且曾经有过吸食鸦片的记录。C.曾是国家的战斗英雄，一直保持素食习惯，热爱艺术，偶尔喝点酒，年轻时从未做过违法的事。

学生们几乎都选择了C。理由很简单，前两个人愚昧无知，不思进取，生活习惯比较差，将来不可能有什么大的作为；而第三个人则不同，他有着耀眼的功绩，有着明确的奋斗目标，有着良好的生活习惯，成为一个受人景仰的人完全有可能。

等学生们通通发过言后，这位老师微笑着，淡淡地说：“孩子们，你们说得很有道理，可你们的判断都错了。事实是，前两个人成了受人尊敬的英雄，而后一个人成了人人唾弃的杀人狂。这三个人分别是，美国总统富兰克林·罗斯福、英国首相温斯顿·丘吉尔、二战头号战犯阿道夫·希特勒。”

学生们听后目瞪口呆，他们怎么也想不到这三个人的命运会有如此大的偏差。老师又接着说：“其实，一个人未来是什么样子，根本没有哪个人能说得准。人非圣贤，孰能无过。虽然过去你们身上有着这样或那样的问题，但如果你们能改过自新，重新再来，谁又能保证你们将来不会成为第二个罗斯福或丘吉尔呢？”

多年后，这群“问题”学生都成了社会上的精英人才。回首往事，他们依然感慨万千，过去成功，不等于现在成功、将来也成功；而过去失败，不等于现在失败、将来也失败。

心灵悟语

每个人的命运都掌握在自己的手中。你想成为一个什么样的人、想过什么样的生活，改变或不改变、什么时候改变，都完全取决于你自己。如果你立志要成为一个有价值的人，那么，何时开始都不晚。

别对自己说不可能

1969年8月14日，随着一声清脆的哭叫，一个小生命呱呱坠地，不过，他的降临并没有给家人带来多少惊喜和欢笑，带来的只是哀伤与惆怅。

他是一个天生的残疾儿，只有可乐罐般大小，除了没有肛门外，还长了一双畸形的腿。医生无奈地摇着头说，这个孩子活不过一天，你们还是尽快准备后事吧。

父母非常伤心，为他备好了衣服和棺材，但让人意想不到的是，这个顽强的小生命竟然挺了过来，奇迹般地活过了一周、一月、一年……父母给他取了一个名字，叫约翰·库提斯，他们的要求并不高，只希望孩子能够健康地活下去。

由于约翰的个子非常矮小，所以他对周围的一切都充满了恐惧。很快，约翰到了上学的年龄，虽然他只能坐在轮椅上，但他仍然对未来充满了向往。然而，迎接他的不是天堂，而是地狱。学校里有很多调皮的学生，他们把约翰当作取乐的“玩偶”，经常掀翻他的轮椅，弄坏他的刹车，甚至把他绑在教室的吊扇上，让他随着风扇一起转动……很多时候，其他同学都走了，而约翰却在教室的某个角落一边哭泣，一边慢慢组装被同学拆散的轮椅。

后来，约翰进了高中，但他的境况仍然没有得到多少改变，他还是时常被同学欺负、捉弄。有一次上幻灯片课，有同学悄悄地在他的周围布满了图钉，当约翰出去上厕所时，他发现每移动一步，都感到钻心的疼痛，原来他的手上扎满了图钉，鲜血直流。回到家里，约翰十分绝望，想起自己一次次被折磨、被侮辱的情景，他不禁失声痛哭起来，这样的日子活着还有什么意义呢？他想到了自杀。

所幸父母及时发现，阻止了他愚蠢的行为。母亲流着泪说：“约翰，你是一个好孩子，爸爸妈妈永远爱你。”父亲对他说：“你必须勇敢地面对一切，别人可以看不起你，但你不能看不起自己。”在父母的劝说下，约翰放弃了自杀的念头，并以惊人的毅力战胜了无数困难。

高中毕业后，约翰决定自食其力，他坐在自己特制的滑板上，挨家挨户地询问对方是否需要帮工。店主打开门，见是一个矮小的“半人”，赶紧将门关上了。苦心人，天不负，经过无数次的失败，约翰终于在一家杂货铺找到了工作。

后来，约翰爱上了市内板球和轮椅橄榄球运动，由于上肢的长期锻炼，他的手臂有着惊人的力量，通过后期的严格训练，他在体育方面的才能一下子便凸显了出来，他的命运也随之而改变。1994年，约翰·库提斯斩获澳大利亚残疾人网球赛冠军；2000年，他又获得澳大利亚体育机构的奖学金，并在全国健康举重比赛中位列第二；不仅如此，约翰还获得了板球、橄榄球的二级教练证书。

故事到这里并没有结束，而是刚刚开始。随后，约翰开始了他的演讲生涯。在演讲台上，他用粗壮的胳膊支撑着身体，声音洪亮，目光如炬，像拿破仑指挥着他的千军万马。

如今，约翰·库提斯已成为公认的国际超级激励大师，先后在190多个国家和地区进行了800余场演讲，激励了成千上万的年轻人。

正如约翰·库提斯所说：“无论你认为自己多么不幸，在这个世界上永远有比你更不幸的人。无论你认为自己多么成功，在这个世界上永远有比你更强大的人。”

心灵悟语

在我们漫长的一生之中，会遇到许多挫折和不幸，但在未采取行动之前，千万不要对自己说“不可能”。有时候，成就我们的，往往不是那些春风得意的时刻，而是痛苦迷茫的岁月中，笑中带泪的瞬间。

第三章

世界需要坦然的你

如果把人生比作一首美妙动听的曲子，那么挫折就是这首曲子里一个个缺一不可的音符。挫折和成功，同属人生的一部分。在漫长的人生道路上，总会有崎岖不平，总会遇到各种各样的困难和挫折。但只要我们从容面对，乐观地看待不幸，一切都会慢慢好起来的。

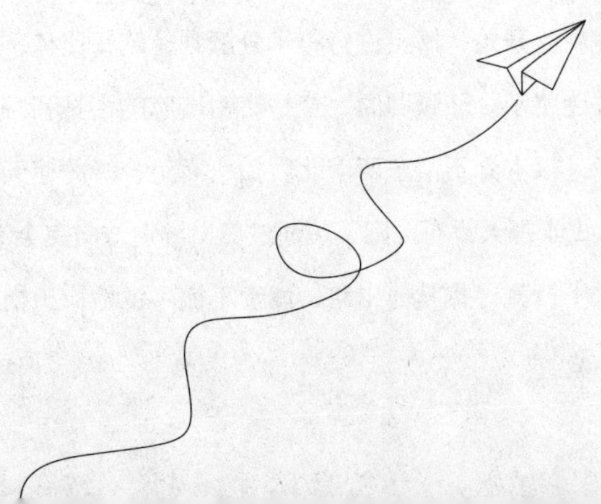

博士与猎人

一日，某博士与一个猎人发生口角，博士愤愤地说：“像你这样的小角色，就算给我提鞋也不配。”猎人也毫不示弱地说：“你不就比我多读了点书嘛，有什么了不起的！要不咱们比一比，看谁更厉害。”博士不以为然地说：“比就比，谁怕谁？”猎人说：“行，前面不远处有一片原始森林，咱们谁先穿过去，谁就是胜利者。”博士爽快地回答说：“一言为定！”

随后，猎人与博士分别准备了一些出行的工具，就匆匆忙忙地钻进了丛林中。开始，博士进行得十分顺利，跑得比兔子还快，但没过多久，他就迷路了。环顾四周，全是密密麻麻的树林和野草，大致看起来都差不多，根本分不清东西南北。抬头而望，绿荫遮天蔽日，看不见一点阳光，由于那天没有太阳，想通过日出辨别方向完全不可能。

此法不行就寻找其他出路，博士不慌不忙地掏出指南针，想通过这个高科技产品找到出去的方向，然而令他失望的是，这片森林被称为死亡之谷，谷中有一种特殊的矿物质，能让指南针及飞行仪器失效，千百年来，无数的探险者和飞机都曾葬身在这里。

此刻，博士有些后悔，不该一时冲动与人斗狠，不过已经到了这个地步，想退缩也来不及了。博士只好硬着头皮继续往前走，但是，他越走心里越发怵，因为他几乎尝试了所有从书本上学来的方法，但依旧无法走出去。博士又急、又饿、又渴，在林间不断地兜圈子，渐渐地，他有些体力不支。这时，输赢对博士来说已不重要，他只希望能够活着走出去，不成为野兽的美餐就行了。抱着最后一线希望，博士从包里拿出手机，打算向外面发送求救信号，但是这儿一点信号也没有，就连紧急电话也呼叫不出去。博士彻底绝望了，索性坐在原地一动不动，一切听天由命。

不知过了多久，博士听到不远处传来些许声响，他警惕地抓起旁边的一根棍子。近了，博士惊喜地发现那竟是一个人，顿时，他像抓住了一根救命稻草，赶紧站起身子，高声地呼喊着。原来那人正是与博士打赌的猎人。猎人到达彼岸后，久久不见博士的身影，便猜到博士一定迷路了，如果到了晚上博士还走不出来，那就危险了。于是，猎人放心不下，转身返回丛林，四处寻找博士。

在猎人的带领下，博士没费多少力气就走出了那片原始森林。望着一脸从容的猎人，博士不禁哀叹道：“没想到我一个堂堂正正的博士，竟不如一个没有文化的山野猎人。”

猎人听后微笑着说：“这并没有什么奇怪的，我从小就生活在这一带，经常去那片森林里打猎。起初，我跟你一样，分不清东西南北，总是小心翼翼地跟在那些有经验的猎户身后，生怕发生什么意外，但时间长了，去的次数多了，自然就熟悉了，即使很小的差别也能准确地判断出来，由此，这片森林在我的眼里不再神秘。”

猎人顿了顿，又接着说：“其实，每个人都有自己的长处和不足，虽然你的学历很高，知识很渊博，但你也会遇到自己不擅长的东西，而我虽然读书不多，却由于经验积累，偏偏具有极强的方向感，也许这就是人与人之间的不同吧。”

心灵悟语

每个人，都有自己擅长的事。不要让自己的人生局限于舞台的大小，更不要因为已获得的成就而沾沾自喜、故步自封。勇敢地追逐梦想，尽力地表现自己，活出独一无二的自己。

将“偶然”转化为成功的契机

年轻时的陈子昂博古通今，才华横溢，胸怀大志。有一年，他兴致勃勃地从四川来到长安，想要干一番惊天动地的伟业。怎奈千里马常有，而伯乐不常有。在京城闯荡了几年后，陈子昂依旧榜上无名，为此，他烦闷不已。

一日，陈子昂在街上漫无目的地闲逛，突然看见前面不远处围着一大群人。出于好奇，他也凑过去瞧热闹。费了很大的劲，他才挤到人群的中央，定睛一看，原来是一个落魄的艺人在这儿卖琴。只见那把琴做工精细，古朴典雅，的确是一把难得的好琴。不过众人还是止不住摇头，因为这把琴要价一千两银子，实在是贵得有些离谱。大家只能望“琴”兴叹，既羡慕，又无奈。

就在这时，只听人群中一个年轻人说道：“自古宝剑配英雄，这琴我要了。”围观之人无不愕然，纷纷转过头来打量这位气度不凡的年轻人。他不是别人，正是四川才子陈子昂。说罢，陈子昂从袖中取出一千两银票交与卖琴人，将古琴抱在怀中。

围观的人说：“这位公子以千两之金买琴，想必一定是位乐坛高手，何不抚琴一曲，让大家一饱眼福。”陈子昂笑着回答道：“此处喧闹，不宜弹奏和欣赏，如若诸位想要听我弹琴，请于明日来在下住地指教，到时定以好茶好酒相待。”

第二天，京城的不少名流和显贵如约而至，大家济济一堂，足有数百人之多。不一会儿，陈子昂果然抱琴而出，向大家鞠躬问好。宾客们侧耳凝目，等待着陈子昂的精彩表演。出乎意料的是，陈子昂忽然将琴高高举起，然后重重地摔在地上，刹那间，一把价值千金的古琴化为碎片。大家丈二和尚摸不着头脑，不知道这位年轻人到底要干什么。

就在大家惊愕之际，陈子昂霍地站起来，情绪激动地说：“我虽然没有谢灵运和谢朓之才，但却有屈原、贾谊之志，从四川来到京城，我带着百余卷诗文四处求拜，却无一人赏识。这种乐器不过是低贱的乐工所用，我岂能弹奏呢？”

宾客们被陈子昂的疯狂举动惊得目瞪口呆，还未等大家回过神来，陈子昂已将自己事先准备好的诗文一一分发给大家。名流显贵们看看他的诗文，才思敏捷，工整巧妙，于是争相传诵。当天京城里所有茶馆和酒楼的客人都在议论着这件事，一夜之间，陈子昂便享誉京师，家喻户晓。不久，陈子昂便高中进士，官至麟台正字，右拾遗。

陈子昂的成功完全是一次偶然。在我们的生活中，也曾有许许多多这样的偶然，然而，却并不是每个人都能把握好人生中的偶然，并将其转化为成功的契机。一个人即便才高八斗，经天纬地，但如果不懂得推销自己，那么也只能成为长埋于地下的金子。

心灵悟语

当机遇降临的时候，恍然不觉的人诚然令人叹息，然而眼看着机会就在眼前，却无法利用它实现自己梦想的人，岂不更加可惜？抓紧每一次通往成功的机会，哪怕只是偶然。让我们耐心等候，砥砺前行，时刻准备迎接那梦想到来的时刻吧！

人生中的“温水煮蛙”

在19世纪末期，美国康奈尔大学的一位教授做了一个有趣的试验，他将一只青蛙丢进了一口装满沸水的大铁锅里，这对青蛙来说无异于灭顶之灾。然而，让人意想不到的是，在生死存亡之际，这只青蛙迸发出了无穷的力量，它忍受着剧烈的疼痛，双腿一蹬，以闪电般的速度从开水锅里窜了出来。虽然它的表皮受了一点烫伤，但它幸运地存活了下来。

接着，教授又将另一只青蛙放进冷水锅里，先让它自由地游弋一会儿，适应锅里的环境，然后再用文火加热。这一过程持续了很长时间，水温缓缓上升。当青蛙第一次感受到水温的变化时，它完全可以轻轻松松地跳出去，但它并没有这样做，因为它觉得身处在温水里的感觉十分舒服。

随着时间的推移，锅里的水温越来越高，最后达到青蛙无法忍受的程度。这时，青蛙才猛然醒悟，想要从锅里跳出去。可遗憾的是，此刻的它已完全丧失了逃生的能力，只能眼睁睁地看着自己被煮熟。

这便是著名的“青蛙效应”。为什么第一只青蛙面临危险时能逃出生天，而第二只青蛙却只能坐以待毙呢？原来，第一只青蛙之所以能逃离险境，是因为它在瞬间受到了强烈的刺激，意识到了开水的可怕。于是，集聚全身之力，奋力一搏，跳了出去。而第二只青蛙，由于之前没有受到强烈的刺激，致使它麻痹大意，忽略了潜在的危险。失去了警惕感和危机感后，这只青蛙有了惰性，它不以为然地认为这是一种正常现象。当它真正意识到危险到来时，已经错过了最佳逃生时机，最后只能听天由命，任人宰割。

危机感是万事万物的生存之本，可以影响到一个国家的发展，一个企业的命运，也可以影响一个人事业的成败。从盘古开天辟地以来，不计其数的自然灾害没能让人类毁灭，反而让人类越来越聪明，越来越进步，越来越强大。究其原因，挫折和困境能坚定人的意志，激发人的潜能，并能在关键时刻激励人们走出困顿。

然而，人们往往又缺乏危机意识，尤其是那些看不见的危险。很多时候，我们就如同处于温水锅中的青蛙。当春风得意之时，常常沉湎于胜利的喜悦中，而忽略了危机正一步步靠近，直到已经身处危险，才渐渐发觉。

有时，一些看似毫不起眼的小事，如果经过“连锁反应”“滚雪球效应”“恶性循环”等作用的催化，也可能会演变为巨大的危机，就像2008年的“华尔街风暴”。这正应了孟子的一句话：“生于忧患，死于安乐。”

心灵悟语

人天生就有一种惰性，习惯于满足现状和抱有侥幸心理，不到万不得已，不会轻易改变自己，或改变所处的环境，直到实在过不下去或大难临头时，才恍然觉悟，却又为时已晚。如果事先有足够的危机意识，就会未雨绸缪，把潜在的危险扼杀在萌芽状态。

最重要的一课

大学毕业后，瑞克进了一家私企上班，不幸的是，瑞克遇到了一位苛刻的老板，无论他怎么努力，始终达不到老板的要求，比如：他费尽心思写了一份市场调查报告，但老板却评价为“假、大、空”；他超额完成了第一季度的销售任务，而老板只是拍着他的肩膀说“继续努力”。不仅如此，这位老板还十分吝啬，即使浪费了一张复印纸，他也会啰唆半天。

有一次，瑞克上班迟到了两分钟，老板不问缘由，不听解释，直接就从瑞克工资里扣掉了一百元。其实那天，瑞克并非有意迟到，而是遇到了堵车，通常他每天都会提前十分钟到达。工作中，老板也是横挑鼻子竖挑眼，一会儿说这里做得不对，一会儿说那里做得不好。

瑞克心里很不服气，他想：我是人，又不是机器，哪能做到丝毫不差呢？再说，我刚刚接手这项工作，也需要时间来消化和适应。最让瑞克想不通的是，他干的活比别人多，而领的薪水却比别人少。

为此，瑞克想到了辞职，他觉得跟着这样的老板不会有前途的，与其受这份窝囊气，不如趁早离开，找一份适合自己的工作。瑞克将自己的想法告诉了父亲，父亲听后平静地对他说："孩子，如果你厌倦了这份工作，那就换一个吧，但你能保证下一份工作就会称心如意吗？"

瑞克摇了摇头说："我无法保证，但老板总是针对我，摆明了他不喜欢我，即便勉强支撑下去，也没有多大的意义。"

父亲问："老板是只骂你一个人，还是骂了其他的人？"

瑞克回答说："并非我一人，只要做得不好，所有人都会遭到他的指责和批评。"

父亲点点头，微笑着说："这就对了，老板针对的是事，而不是人，他批评你事情做得不好，并不是认为你这个人不行，也不是讨厌你这个人。退一步讲，你在公司工作的时间只有八小时，即便有什么不如意，那也只占了你生活的一部分，你完全用不着烦恼。孩子，你一定要记住，你不是为老板打工，而是为自己工作，不做则已，要做就做到最好。"

父亲的这些话并非空谈，他本身就是一个追求精益求精的人，不管有没有利益，也不管有没有人监督，他都力求做到最好。瑞克的父亲是一位受人尊敬的建筑工人，他修建的房子从未出现过任何的质量问题，他敢在每一根钢筋上刻下自己的名字。

第二天，瑞克试着换了一种心态，他不再反感老板的任何言行，也不再认为老板是一个可恶的雇主，而是把他当成自己职业生涯中的导师。每次老板挑出他的毛病，瑞克都欣然接受。渐渐地，老板看瑞克的目光变了，他对瑞克的态度越来越温和，责备瑞克的次数也变少了。虽然瑞克最终还是离开了这家公司，开始了自己的创业之路，但他觉得，这是他人生中最重要的一课。

心灵悟语

人生在世，固然需要承受外界的压力；有时候，压力并不可怕，可怕的是它会使你变得迷茫，甚至怀疑人生。其实，每个人最好的成长都在压力中，在压力中果敢前行，在压力中寻找成功的萌芽，让压力成就更理智的自我。

欹器的启示

春秋时期，鲁国人发明了一种灌溉用的汲水罐器，名叫欹器。这种器具有一个奇妙的特点，当其中未装水时，罐身略微前倾；当向其中注入一定量的水时，罐身慢慢竖立变正；当向其中注满水时，罐身则一下子倾覆，罐中的水也随之倒出，随后又恢复原状，周而复始。于是，人们利用这个原理，将它制作成了一种灌溉用的器具。

鲁桓公十分喜欢这种器具，并将之放于宗庙之中。一天，孔子带着子路等弟子去鲁桓公的宗庙里参观，刚进门，他们就被欹器奇特的造型所吸引，大家围着它指指点点，议论纷纷。

孔子问守庙者："此谓何器也？"守庙者答："这是放在座位右边的器具，是保佑天子之位的。"孔子说："我听说这种器具没有装水或装水很少时就会倾斜，装入一半的水时，就会正立，而装满水时，就会翻倒，不知可有此事。"守庙者答："正是这样。"弟子们听后都有所怀疑，于是，孔子吩咐他们亲自试一试。弟子们找来工具，向其中缓缓地倒入水，果然，当欹器中的水达到一半时，罐身正立了起来。弟子们又继续向其中注水，不一会儿，欹器中水满，只听“哗”的一声，欹器翻倒，其中的水全部倒出，欹器又恢复了原来的模样。

见此，弟子们大惑不解，孔子长叹一声说：“难道你们这都不明白吗？倾倒是因为水满所致啊！”一旁的子路不禁问道：“老师，那您有没有办法，让欹器不翻倒呢？”孔子意味深长地说：“具有宽大德行的人，应该安守于恭敬；拥有广阔土地的人，应该安守于节俭；官阶禄位尊贵的人，应当安守于谦卑；拥有兵力强盛的人，应当安守于畏慑；聪明睿智的人，应当安守于愚笨；博学而又记性好的人，应当安守于浅薄。这就是用退让的办法来减少自满啊！”弟子们听后，若有所悟地点点头。

原来，在两千多年前，古人就认识到了“虚则欹，中则正，满则覆”的道理。然而，时至今日，依然有许多的人不谙其道，覆于自满。

夫差是吴国的国君，拥有至高无上的权力，曾先后打败了越国、齐国和晋国等，成为春秋一霸。可是，因为一个“满”字，结果被三千越甲所吞，国破家亡，自缢而死。曹操是三国时期的一位枭雄，曾逐鹿中原，挟天子以令诸侯。可是，因为一个“满”字，结果兵败赤壁，郁郁而终。马谡是蜀国的一位大臣，他精通兵法，才智过人，可是，因为一个“满”字，结果痛失街亭，锒铛入狱，留下千古遗恨。年羹尧是雍正时期的一位重臣，他驰骋疆场，运筹帷幄。可是，因为一个“满”字，结果招来杀身之祸，命丧黄泉。

当然，历史上也有人悟透了这一点，并从中获益的。陈平是西汉的开国大功臣，虽然他功勋卓著，位高权重，但是他为人十分低调、谦逊，总是把功劳推给别人。结果他三朝为相，赢得生前身后名。左宗棠是晚清的一位名臣，在未成名之前，他的脾气很大，动不动就与人争吵。可是，当他做了巡抚以后，脾气却越来越小，变得特别宽容，甚至以德报怨。结果他位极人臣，彪炳千秋。

心灵悟语

人生在世，若胸中无物，则无法安身立命；若傲慢自大，则会覆于一旦。因此，做人不宜过满，中正既可。

抱怨使人变得平庸

朋友小刘是一个特别爱抱怨的人，只要你和他坐在一起，总能听到他喋喋不休地抱怨，抱怨社会不公，抱怨领导目光短浅，抱怨自己怀才不遇，抱怨收入太低，抱怨房子太小，抱怨工作太累，抱怨生活太枯燥，抱怨出门挤公交，抱怨老婆铺张浪费，抱怨孩子调皮不听话……

对于小刘的抱怨，起初我还能理解，很认真地听取他的倾诉，然后为他分析问题的症结所在，并好言相慰，让他不要过于悲观，凡事应当看到积极有利的一面。尽管生活中难免遇到烦恼和无奈，社会上也的确存在着一些不公平的现象，但社会在进步，制度在完善，那些不公正的事会越来越少，生活也会越来越美好。

谁知我的劝说并不起作用，他不以为然，还举出一系列的事例进行反驳，然后让我相信这是一个黑白颠倒、毫无希望可言的世界。听他的抱怨多了，我开始烦不胜烦，以至于后来像躲瘟神一样地躲着他，只要有他在的场合，我要么赶紧离开，使得耳根清净；要么保持沉默，不发表任何的评论和意见。说实在的，我不喜欢和一个内心阴郁的人待在一起，那样我也会变得消极悲观。

抱怨就像一种慢性毒药，它会在你毫无知觉的情况下，悄悄地侵入你的身体，然后在你的身体里慢慢扎根，将你的信心一点一点地吞噬，使你陷入无边的黑暗，让你变得平庸，最终毁掉你的人生。

生活中，我们不少人都有抱怨的习惯，一遇到点儿挫折和不如意，就牢骚满腹，抱怨他人，抱怨自己，抱怨所处的环境，甚至连不存在的老天爷也要抱怨。有人说，抱怨是一种最消耗能量的无益举动。抱怨过后，问题依然存在，不仅于事无补，还伤害了自己的身体。与其没完没了地抱怨，不如欣然地接受，想办法去改变。

如果你是一个容易抱怨他人的人，何不学会包容与理解，把抱怨转化为友爱的力量；如果你是一个爱抱怨自己的人，何不脚踏实地地做好身边的每一件事，尽量不留下遗憾；如果你是一个经常抱怨生存环境的人，何不花心思去改变不理想的状态，能改变多少就改变多少。

事实上，无论是一个团队，还是一个人，要想获得事业的成功，家庭的幸福，首先就要学会不抱怨。成功只垂青那些能担当大任、积极勇敢的人。

生活中的很多事情，只要你放手去做，远没有你想象的那样困难。抱怨与改变，带来的完全是两种不同的人生，抱怨的人平庸，改变的人辉煌。所以，优秀的人从不抱怨，他们总是想方设法地把消极的阴影，从自己的心中驱散清除，使自己的内心时时充满阳光和希望。保持一份平和乐观的心态，笑对生活，笑对不幸，笑对误解，笑对失败，笑对恶劣的环境……停止抱怨，你会惊奇地发现，原来世界是这样的清新，这样的明亮和美好。

心灵悟语

生活从来就是不公平的，如果你抱怨，你放弃，你的未来只能更加灰暗。人生不可能一帆风顺，那些凄风苦雨、那些黯然神伤，不只是你一个人的经历。当你感觉到疼的时候，请记住一句话：生活把你磨圆，是为了让你走得更远。

药方不同，用法亦不同

春秋战国时期，有一个宋国人，他家世代以纺织为生，其家人的双手由于长年浸泡在水里，时常开裂出血。为了让家人摆脱这一困苦，他的祖上经过潜心研究，参阅了大量药典，请教了无数名师，终于研制出了一种能防止手浮肿和冻裂的药。从此以后，他的家人再也不用担心双手冻裂了，工作起来十分顺畅。尽管如此，这种防冻裂的药还是没能从根本上改变他们的生活状况，他们依然处于贫困中，整日为生计而发愁。

一天，一位吴国人经过此地，他听说了这件事后，觉得大有可为，于是，他四处打听，找到了那位宋国人，并开出一百金的价格想买下宋国人手里的药方。宋国人欣喜过望，心想，这防冻裂药能有多大的用途呢，不过是舒经活脉而已，竟然有人出这么高的价钱，真是天上掉下来的馅饼。于是，宋国人召集全家开了一个短会，他说："多年来，我们靠着祖上发明的这种药，从事漂洗丝絮的工作，一年到头，辛辛苦苦，所得收入不过数金。现在，如果我们卖掉这个药方，立刻就能获得一百金，用这一百金，我们可以做些别的事情，请大家同意我卖掉药方。”家人听后，都认为此举值得，便将这个药方卖给了吴国人。

吴国人买到药方后，日夜兼程，回到了吴国。不久，越国发生变故，政治动荡，吴王决定乘虚而入，派兵攻打。时逢冬季，越地寒冷，兵士的手大多龟裂，战斗力大大减弱。而吴国的将士因为提前使用了防冻裂药，双手灵活有力，战斗起来格外威猛，结果大败越军。吴王甚喜，割地封侯，对献药有功的吴国人大加封赏。

同样是一剂防止手冻裂的药方，有人靠它建立奇功，升官加爵；而有人却只能用它漂洗丝絮，无所作为。这便是使用方法的不同。

对于一泓泉水，有人用它灌溉田地，而有人却将它包装后卖到了全国各地，创造了巨大财富；对于一块石头，有人用它铺路，而有人却将它打造成了艺术精品，价值连城……任何事物都有不同的用途，关键是看你如何发现，如何使用和把握。

心灵悟语

每一个人、每样东西，都不止一种用途。当你踌躇在一个角落里悲观失意时，不如开阔视野，耐心地寻找你的其他价值。“药方不同，用法亦不同”，找准自己的优势，在另一片天地中重新起飞，你终会获得想要的成功。

把人才放在合适的位置

有一次，微软集团招募了两名高级管理人才。比尔·盖茨十分看好他们，认为他们会为公司带来新的发展，于是对他们委以重任，并把他们分别派到两个分区担任一把手。

可是，令比尔·盖茨万万没想到的是，他们到分区一年后，不但没能使业绩更上一层楼，反而还出现了下滑的趋势。为此，比尔·盖茨感到十分不解：这两个人明明是自己亲手挑选出来的人才，为什么他们就如此逊色呢？难道是自己看走眼了吗？不，这绝不可能！比尔·盖茨立刻否定了自己的这种想法。这么多年来，他从未看错过一个人，更何况还是通过层层筛选录用上来的，一定是某个环节出了问题。

不久，比尔·盖茨便亲自来到下属的分区，详细了解了两人的工作情况，结果发现他们都很努力，没有丝毫的懈怠。难道真是他们的能力有问题吗？比尔·盖茨没有轻易下结论，而是对他们的工作细节做了更深入的调查。通过一段时间的观察后，比尔·盖茨恍然大悟，原来问题出在工作安排上，都怪自己过于粗心，让人才白白地浪费了一年。

随后，比尔·盖茨将这两名高管的工作重新做了调配，把他们安排到了同一分区。一个主要负责公关，一个主要负责财务。一年后，奇迹发生了，这个区的销售业绩从全球倒数第一名，一下子上升到了全球第一名。这一次，比尔·盖茨没有感到一点儿意外，他赞许地点了点头。

原来，这两名高管各有所长。一位高管善于协调各种关系，打通各种关节，在公司有很强的凝聚力和向心力。但这位高管也有他的不足，比如做事优柔寡断，尤其是在财务管理方面，时常出现疏漏。而另一位高管虽然工作能力很强，尤其善于管理财务，但他不懂得变通，凡事只认死理。因此他在公司的人缘很不好，下属都不愿为他卖力，业绩如何能提高呢？而将他们组合在一起，情况就大不相同了。他们各自的优点弥补了对方的不足，使公司上下拧成一股绳，从而迸发出无尽的潜能，效果自然立竿见影。

心灵悟语

安东尼·罗宾认为：“每个人身上都蕴藏着一份特殊的才能。那份才能犹如一位沉睡的巨人，等待着我们去唤醒他……”因为每个个体是不同的，所以每个人所具备的潜能也不尽相同。学会发掘自己和别人身上的闪光点，并充分运用这些才能完善我们的人生。

宽容别人，也是善待自己

在开往费城的火车上，中途有一个女人上了车，她径自走进一节车厢，并选了一个座位坐下。这时，她对面的一个男人点燃了一支香烟，深深地吸了几口。女人闻着烟就难受，她故意扭了扭头，轻咳了几声，想提醒对方不要吸烟。可是那男人完全没有注意到她的举动，还是若无其事地吸着。女人忍无可忍，生气地对那男人说：“先生，你可能是外地人吧，这列火车专门有一间吸烟室，这里是不允许吸烟的。”听女人这样说，男人完全明白了，他微笑着，歉意地将手里的香烟掐灭。

一会儿，几个穿着制服的男人走了进来，他们来到女人身边，对女人说：“这位女士，很对不起，你走错车厢了，这是格兰特将军的私人车厢，请你马上离开。”女人惊悚不已，原来坐在她对面的就是大名鼎鼎的格兰特将军，她感到非常害怕。但格兰特将军没有丝毫责怪她的意思，他的脸上依然挂着淡淡的微笑，和蔼可亲地对下属说：“没事，就让这位女士坐在这儿吧。”格兰特将军的宽容赢得了女人的敬重，他的仁德被人们广为传颂。

林肯在参选美国总统时，他的竞选对手斯坦顿曾想尽一切办法在公众面前侮辱他，让他丢脸出丑，还编造出各种各样的谣言诽谤他、污蔑他，破坏他的形象。为此，林肯吃尽了苦头。最终，林肯击败了斯坦顿，顺利当选为美国总统。正当所有的人都以为斯坦顿从此就要倒霉时，他却意外地被林肯委任为参谋总长组建内阁。林肯的宽容和大度彻底感动和征服了斯坦顿，在后来的工作中，斯坦顿总是身先士卒，尽心竭力，以此报答林肯的知遇之恩。

几年后，林肯被暗杀，全国人民在悲痛之余，用了许多赞美的话来形容这位伟人。其中，斯坦顿的话最有分量，他说：“林肯是世人中最值得敬佩的人，他的名字将流传万世。”

宽容别人，其实也等于给了自己制胜的力量。事实证明，宽容大度的人更能得到别人的尊重和帮助，从而使自己有力地存活下来。

心灵悟语

宽容是一种胸怀，是一种风度，是一种美德，更是一种智慧。宽容他人，不但不会令自己的利益和声誉受损，反而会因此赢得人心，得到人们普遍的认可。尤其是对待对手或敌人，宽容往往会产生让人意想不到的效果。

赞美的力量

在我们单位，曾有一个很有才华的年轻人，无论是在政治、经济、历史，还是在文学、书画、收藏等方面，他都有独到的见解，并且办事能力也非常强，然而，他却有一个不好的习惯，就是喜欢对别人的行为品头论足，鸡蛋里挑骨头，不是说这里有欠缺，就是说那里有不足，总之在他的眼里，别人做的任何事情都不够完美。

和他共事三年，我没有听到过一句他赞美同事的话，从他嘴里说出来的话，全是否定和不认同。对于他提出的建议，起初我们还能勉强接受，但时间长了，大家对他的否定和不认同，反感到了极点。同事们一致认为他是一个内心阴暗、自命不凡、目中无人的人。于是，大家开始有意无意地疏远他，孤立他。三年下来，他的身边没有一个朋友，单位领导也很不喜欢他。最后，这位年轻人觉得实在混不下去了，就主动申请调到了基层去工作。

他的遭遇不禁让我想起了美国著名的人际关系学大师卡耐基。有一次，卡耐基去邮局交一封挂号信，他见工作人员很不耐烦，也许是因为他今天遇到了什么不开心的事，也许是因为多年简单重复的工作令他厌倦不已。卡耐基心想：我一定得说一两句令他高兴的话，可是，他的身上有什么值得我赞美的呢？卡耐基认真观察了一阵，终于发现了他身上的一个闪光点。

轮到卡耐基时，他真诚地对工作人员说："真希望能有一头像您这样的头发。"工作人员听后，先是有几分惊讶，接着眼神中便流露出了自豪与喜悦的目光，他谦虚地说："是吗？老了，不如以前那么油亮了。"卡耐基说："虽然你的头发没了年轻时的乌黑，但我仍然觉得很漂亮。"

这便是卡耐基，在他的眼里，看到的总是别人的优点和长处，他之所以能够成为美国最伟大的成功学大师，就在于他懂得欣赏别人，赞美别人。他常常在公共场合赞美他的同事，甚至他的助手去世后，他还不忘在墓碑上赞美道："这里埋葬了一位智者，他的聪明才智超越了世上很多的人。"

心理学家詹姆斯认为："人类的天性之一就是渴求为人所重视。"赞美是人的高层次需要，从某种意义上来说，人所做的一切努力都是为了得到他人或社会的肯定。当你很认真地完成一件事后，听到别人对你说："你做得真好！我真佩服你！你的效率真高！真是难以想象，这么艰巨的任务你都完成了！”听到这样的评价，你的心里会是什么感受呢？

赞美于别人是一种信任、赏识、鼓励和鞭策，于自己则是一种良好的交际手段，你会因为对别人的赞美，而成为一个受别人欢迎和尊敬的人。

心灵悟语

一句赞美的话，往往会让阴霾的天空充满阳光，让冰冻的心田如沐春风，让处在黑暗中的人看到希望，让奔跑中的人更加奋发进取。诚挚的赞美是许多成功者处世为人的一大法宝，既然如此，那么你又何必吝惜自己的赞美呢？

把业余爱好做成大事业

美国哈佛大学流传这样一句箴言：人的成就，取决于他晚上8点到10点在做什么。从这句话中，我们可以看出，业余时间的开发对发展个人事业是多么重要。

林语堂曾经说过：“要真正了解一个人，只要看他怎样利用余暇时光就可以了。”在工作、学习之余，每个人多多少少都有一些爱好，如阅读、写作、绘画等等。不同的业余爱好，影响着不同的人生，决定着不同的未来。

成功在于点滴的积累，人与人之间真正的差距在于业余时间。工作时，你在努力，别人也一样；而业余时间相对比较自由，没有领导的看管，也没有制度的约束。通常大家都会选择休息和娱乐，只有少部分的人选择充电或发展自己的兴趣爱好。

虽然每个人的业余时间比较零散，但叠加在一起还是比较可观的。以国家规定的8小时工作制计算，一天24小时，除去工作的8小时和睡觉的8小时，还剩下8小时，再除去吃饭和应酬的时间，大概还剩下4小时左右。如此宽裕的时间，我们完全可以利用起来，做些有意义的事情。

计算机曾是王江民的业余爱好之一，周末，当别的同事在麻将桌上玩得不亦乐乎时，他却坐在电脑前孜孜不倦地研究着病毒的原理和防治。几年后，他的同事仍然是某工厂的工人，而他却华丽蜕变，成为中国最早的反病毒专家，还创立了江民科技有限公司（江民杀毒软件），占领当时中国杀毒软件市场80%的份额。他把自己的业余爱好做成了大事业。

主持曾是史康宁的业余爱好，他的真正身份是教师，在教学之余，史康宁喜欢为亲戚朋友主持婚礼，过一把主持人的瘾。然而就是这样一个业余爱好，却让他在十年后，成了北京最耀眼的婚庆主持人，有着“金牌主持人”“京城四大名嘴之一”的美称，尽管他的要价是业内最高的，但邀请他的人仍然络绎不绝。

心灵悟语

也许你曾羡慕过别人的成功，也许你曾抱怨过工作的不如意，可是，你有没有想过，平庸与卓越完全取决于自己，如果你能在业余发展一个有益的爱好，说不定从此就能改写你的人生。

行动就会有好运

有一位失意的年轻人去拜见一位大师，他对大师说："大师，这个世界实在太不公平了，为什么别人总是那么幸运，而我总是那么倒霉？为什么别人拥有尊贵的地位，而我却处于社会的最底层？为什么别人拥有数之不尽的财富，而我却一无所有？为什么别人都能找到美满的爱情，而我却孑然一身……大师，请您告诉我，我该怎么办呢？"年轻人一口气问了十几个为什么，他的表情凝重而痛苦，仿佛对世间的一切都充满了怨恨，对一切都失去了信心。

大师听后，微闭着双眼，只淡淡地说出了7个字："行动就会有好运。"年轻人不明白，恳求大师说得更具体、更详细一些。

大师问："你年少时有过梦想吗？"

"当然有！而且还不止一个。"年轻人斩钉截铁地回答。

"那你实现这些梦想了吗？"大师问。

“一个也没实现。”年轻人沮丧地说。

“怎么可能呢？从你树立理想到现在，已经过去了十多年，十多年的时间，说长不长，说短不短，但它完全可以成就一个人的梦想，你知道自己失败在什么地方吗？”大师问。

“谈不上失败，因为我压根儿就没有付诸行动。”年轻人说。

“那实在是太遗憾了！为什么你有美好的梦想而不付诸行动呢？”大师问。

“因为我觉得那些梦想过于遥远，根本无法实现，所以就放弃了。”年轻人说。

“这就是问题的关键所在，既然你没有付出行动，那凭什么断定自己不行呢？任何事情，没有绝对的不可能，也没有绝对的可能，只有行动后才知道结果如何。当你羡慕别人的好运时，不是站在背后哀叹命运的不公，也不是在家里整天做白日梦，而是要立即行动起来，不管前面的路有多艰难，也不管别人怎么评价你，你只管按照自己的想法去做。在成就事业的路上，谁也说不清会遇到什么状况，谁也不知道该如何处理，但这并不值得你去担心，可谓‘兵来将挡，水来土掩’，天无绝人之路，只要你认真去做，总会有办法的。”

“可是，行动和好运又有什么关系呢？”年轻人不解地问。

“第一，行动可以让你找准方向。当你进入一个陌生的领域时，就犹如来到一片白茫茫的大雾之前，如果你只是站在原地观望，很难找到前进的方向；但如果你行动起来，抽丝剥茧，穿越迷雾，就会发现前面有千千万万条路。在行动的过程中，即便你犯下了南辕北辙的错误，那也不要紧，因为你会从中积累宝贵的经验，使日后少走许多的弯路。第二，行动可以提升你的自信。在行动过程中，你或多或少会有一些收获，这些通过汗水得来的成果，会在无形中提升你的自信，使你拥有敏锐的观察力，准确的判断力，丰富的想象力和科学的预见力。第三，行动可以使问题迎刃而解。机遇往往隐藏在危机中，行动能让你绝处逢生，柳暗花明。好运几乎都不是等来的，而是创造的，这正如南宋诗人辛弃疾所说‘众里寻他千百度，蓦然回首，那人却在灯火阑珊处’，功到自然成也。”大师回答道。

听了大师的诉说，年轻人恍然大悟，从那以后，无论遇到什么事情，他总是勇敢地行动起来，好运从此接踵而至，多年后，他成了远近闻名的成功人士。

心灵悟语

空想有害无益，只会让人生变得没有价值，随之耗尽生命的热情，到头来仍旧是两手空空。最有智慧的人生，永远都是沿着正确的方向，做有价值的努力，在行动中思考经验教训，从而收获理想的人生。

让梦想照进现实

多年前，有一位名叫沈元的数学老师在给他的学生上课时，为他们讲了这样一个故事：在18世纪，德国有一位了不起的数学家，他曾提出了一个猜想，即“每一个大偶数都可以写成两个素数的和”（简称“1+1”）。尽管，数学家知道这个命题是正确的，可是他却无法证明，无奈之下，他只好写信向瑞士数学家欧拉（当时世界上著名的数学家之一）求助。然而，让人意想不到的是，面对这个难题，欧拉也同样束手无策。虽然他也绞尽脑汁，专研了多年，但遗憾的是，欧拉到死也没能证明出来。于是，这个猜想便成了一个永远也解不开的谜。此后的200多年来，世界上无数的数学爱好者们都想要攻克它，最终都无功而返。讲到这时，沈云老师说：“同学们，要是你们中有人能证明这个猜想，那么一定会成为世界上最伟大的数学家。”

果然，学生们听了故事后都十分兴奋，眼中散放出奇异的光芒。有的学生歪起脑袋开始冥思苦想，有的学生拿起笔在草稿上演算起来，还有的学生甚至幻想着自己成了数学家后的荣耀。

然而，这样一个世界性的难题，又岂是一群初出茅庐的中学生所能解决的。一段时间后，学生们几乎都把这个故事当成一个笑话淡忘了。实际上，沈元老师为学生们讲这个故事，初衷也只是想激发学生们对数学的兴趣，并没有奢望他们将来真能成为数学家，所以事后，连他自己都忘记了。但谁也没有想到，班上有一个瘦小的男孩却把这件事当了真，在背地里默默地努力着。

他其貌不扬，常常是同学们讥笑的对象，可他对数学却有着浓厚的兴趣。他的骨子里潜藏着非凡的毅力，以至于当他听了沈元老师的故事后，被深深地吸引和打动了，并决心用自己的一生来证明这个猜想。

为了实现心中的这个梦想，他付出了常人难以想象的艰辛。先是因为交不起学费而被迫辍学，后来又被当成“牛鬼蛇神”关进了牛棚，受尽了摧残和凌辱。“四人帮”倒台后，他被安排在一间不足6平方米的斗室里，里面没有电灯，没有纱窗，连最起码的办公桌和座椅都没有。面对艰难困苦，他毫不在乎，像个圣斗士一样坚持着。每晚就着昏暗的煤油灯，趴在床板上，不顾严寒酷暑，数十年如一日，孜孜不倦地演算着，以至于演算的稿子都装满了几个麻袋。

1973年，他终于迎来了属于他人生的、全新的春天，当他的成果发表后，立刻在世界上引起了巨大轰动，得到世界数学界和著名数学家们的高度关注。英国数学家哈伯斯坦和德国数学家黎希特还把他的论文写进了数学书中，称为“陈氏定理”，被誉为数论中关于“筛法”的光辉顶点。他就是我国鼎鼎大名的数学家陈景润。他因为证明了哥德巴赫的猜想《表达偶数为一个素数及一个不超过两个素数的乘积之和》，而摘取了数学皇冠上那颗璀璨的明珠。而当年与陈景润一起听故事的其他同学，大多庸庸碌碌，平凡一生。

成功只眷顾那些坚忍顽强，能够突破自我的人。这个朴素的道理，我们很多人都懂，只是生活中那些急功近利的想法迷糊了我们的双眼，使大多数人只把它当成了一句教条，而很少有人真正去践行它。其结果是，少数人成功了，而多数人却仅留下一声长叹：为什么失败的总是我？

心灵悟语

既要仰望星空，更要脚踏实地。有梦想固然是一件值得肯定的事，当对于空怀梦想却不能付诸行动、不能坚持到底的人而言，梦想也仅仅是空中楼阁而已。所以，让梦想照进现实，还要有坚忍顽强的毅力。

第四章

在泥泞里成长，于逆境中开花

“长风破浪会有时，直挂云帆济沧海。”人生是一次远距离航行，航行中必然会遇到从各个方面袭来的强风，然而每一阵风都会加快你的速度。浩瀚大海，只要你坚定信念，迎难而上，哪怕再强的风暴、再汹涌的波涛，也不会改变你的航向。

勇敢尝试，人生才有无限可能

29岁那年，为了养家糊口，他来到了纽约人寿保险公司，做了一名普通的业务员。虽然这份工作并不怎么理想，很多年轻人都瞧不上，但他仍然干得十分卖力，他坚信，有付出就会有收获，只要肯努力，什么样的工作都能做出成绩。

然而，让人遗憾的是，第一年下来，他的销售业绩并不理想，尽管成交了168张保单，但其中大多数保单都不足500美元，加起来也不过区区25万多美元。他感到非常沮丧，自信心倍受打击，他不知道自己哪里做得不好，也不知道自己今后该从什么方向努力。

无奈之下，他敲开了总经理安卓先生办公室的门，并向安卓先生道出了自己的苦恼。安卓先生认真地听完他的诉说后，回答道："我知道你是一个有抱负的年轻人，你的处境和心情我都能理解，我只想问你，你想不想做一件有意义的大事。那是我们公司在俄亥俄州没有人敢做的事。”“什么有意义的大事？”他有些紧张地问。

“一年内成为‘百万圆桌会议’的会员。”安卓先生淡淡地说。

一年内成为“百万圆桌会议”的会员，那简直是天方夜谭，他连做梦都没有想过。关于“百万圆桌会议”，作为推销员的他非常清楚，就是要在一年之内完成100万美元的保单。而一名优秀的推销员，通常一年也只能完成50万美元左右的保单，要想突破100万美元，完全就是挑战个人的极限。安卓先生说：“成为计划销售专家，打入小型企业保险领域。小型企业看似不起眼，实则有着大好的前景。不过，你得做好充分准备，事先研究好应对的策略。你要追求更高、更好、更大的业务。”

得到安卓先生的点拨，再经过自己一番冥思苦想，他调整了自己的心态，满怀激情地投入到新的生活。他出入于俄亥俄州的各大中小型企业，业绩突飞猛进，不到一年时间，就成交了224张保单，总额达到110万美元，顺利成为“百万圆桌会议”的会员。

他就是保险奇才班·费德雯，年度销售业绩曾一度超过1亿美元，一生售出的保单总金额比美国80%的保险公司的销售总额还要高许多。

心灵悟语

鲁迅说：“走上人生的旅途吧。前途很远，也很暗。然而不要怕，不怕的人的前面才有路。”每个人都应该在自己的人生旅途中勇敢尝试，因为只有敢于尝试和探索，才能拥有属于自己的路。

每个生命都有价值

一切改变皆从那场车祸开始。那天，贺小萌放学回家，路过十字路口时，看到一个调皮的小男孩正在公路上玩皮球，玩着玩着皮球从小男孩的手中滑落，滚到了他的脚边。正当他弯下腰打算帮小男孩拾起皮球时，他眼角的余光突然瞧见一辆轿车正朝他们驶来。情急之下，贺小萌一把推开了小男孩，伴随着一阵紧急的刹车声，他自己像一片飘飞的枯叶般跌落在一丈余外的地上，鲜血染红了他的双腿。

虽然那场车祸没有夺去贺小萌的生命，但却让他失去了双腿。他在医院里足足躺了两个月，才完全康复。从此以后，他不得不依靠轮椅生活。一个风华正茂的年轻人失去了活蹦乱跳的双腿，那是一件多么残忍的事啊！为此，品学兼优的他一下子沉沦了，他变得自暴自弃、沉默孤僻。除了动不动就对父母发脾气外，他从来不与任何人说一句话。同学来看他，他用送来的礼物砸他们。父母劝他，他就绝食。他每天都把自己关在一间幽暗的房子里，两眼呆呆地望着天花板，谁也不知道他脑子里在想什么。看到这样的他，母亲终日以泪洗面，父亲也时常无可奈何地摇头叹息。

转眼间，离事故发生已经过去了半年，又到了一年春暖花开的日子。一缕缕温暖的阳光透过贴着报纸的玻璃窗户洒在他空荡荡的裤腿上，窗外几只小鸟欢快地叫着。也许是他在家里闷得太久，也许是盎然的春意感染了他，他第一次主动要求父亲推他到外面去看看。父亲露出了久违的笑容，像买彩票中了大奖似的，欢天喜地地将他推到了小区的花园里。

此刻，花园内阳光明媚，垂柳依依，鸟语呢喃，空气清新怡人。贺小萌享受着大自然的美好，内心前所未有地轻松。然而，就在他沉醉于春天的美景时，他也猛然间触到了人们看他时好奇的目光，这些目光犹如一支支利箭直插他的心脏，令他窒息，令他痛不欲生。

贺小萌的这一变化，被父亲看在眼里，但父亲并没有安慰他，而是顺手从地上捡起一张废报纸，亲切地对他说：“孩子，你觉得这张废报纸有价值吗？”

贺小萌低垂着头，一动不动地盯着地上的蚂蚁。他是多么羡慕这些蚂蚁，它们有灵活的腿，可以自由自在地去想要去的地方。而自己就像一个废人，每天除了吃饭，就只能坐在轮椅上消磨生命。他抬起头，目光呆滞地望着父亲，冷冰冰地说：“一张废报纸能有什么价值！”

父亲没有立即反驳他，而是将报纸铺在地上，然后一屁股坐了下去。父亲说：“孩子，你看，它是有价值的，它可以用来垫在地上，供人坐着休息。”接着父亲又将报纸拿起来，津津有味地翻阅。父亲说：“孩子，你看，它是有价值的，它还可以供人阅读，供人消遣。”虽然贺小萌觉得父亲说得有些道理，但这跟自己有什么关系呢？

只听父亲继续说道：“孩子，其实任何东西都有它存在的价值，比如一棵草，一朵花，一片树林，一只蚂蚁，一只蜜蜂……这些东西看似卑微，但它们都是有价值的，对人类都有着不可估量的贡献。孩子，你作为一个活生生的人，虽然不幸失去了双腿，但你还有聪明智慧，还有一颗善良的心，还有一双勤劳的手，你完全可以做一个有益于国家、有益于社会的有价值的人。”

贺小萌望着父亲充满希望的眼神，坚定地点了点头。从那以后，他不再整日将自己关在屋子里，而是积极地帮助周围的人做着自己力所能及的事情。

心灵悟语

这世上，本不存在毫无瑕疵的生命。既然每个人都无法冲破生命的局限，与其执着于完美，倒不如积极勇敢地面对生活。每个生命都有价值，请爱上那个虽不完美，却从不言败，永远乐观努力的自己。

当玻璃瓶掉落地上后

在20世纪初，有一位名叫贝奈狄特斯的法国人在整理化学药品时，不小心将一个玻璃瓶从架子上碰落。随着“啪”的一声脆响，玻璃瓶重重地跌落在了地上。贝奈狄特斯暗暗叫苦，糟糕，药品一定溅满一地，又得花时间打扫和清洗了。就在他低下头，弯下身，准备收拾残局时，却意外地发现，虽然玻璃瓶出现了几道裂痕，但它并没有碎，里面的药品完好无损。

对于这次意外，要是换作普通人，可能将药瓶放回原处，或重新拿一个瓶子装药品，然后就此了事。而贝奈狄特斯却并不这样，他从中嗅到了成功的味道。由这个玻璃瓶，贝奈狄特斯立刻想到了最近发生的多起恶性交通事故。在车祸发生时，巨大的冲击力震碎车窗玻璃，许多乘客就命丧在这些飞溅的碎片里，这让贝奈狄特斯十分心痛。要是能发明一种不易碎的玻璃，不就可以很好地避免这类悲剧再次发生了吗？

从那以后，贝奈狄特斯每天都泡在实验室，寻找着研制不碎玻璃的方法。功夫不负有心人，细心的贝奈狄特斯发现，那只从架子上掉落的玻璃瓶之所以没有摔碎，是因为它曾装过硝酸纤维素的溶液，溶液挥发后，在药瓶内壁形成了一层柔软的薄膜，正是这层保护膜才使得瓶子裂而不碎。后来经过反复试验，贝奈狄特斯终于发明了世界上第一块安全玻璃，这种玻璃有三层，两边是普通玻璃，中间一层是硝酸纤维素，三层紧压到一起成为整体，一旦受到剧烈撞击，它只会碎裂而不会飞溅。随后，这种玻璃被广泛地应用到实际生活中，贝奈狄特斯也由此名声大噪，享誉海内外。

心灵悟语

也许我们每个人都有过打落玻璃瓶的经历，但你从中想到了什么，又做了什么呢？很多人渴望成功，向往财富，却又抱怨没有机遇可寻。其实，机遇无处不在，关键看你有没有一对善于发现的眼睛，有没有一双随时准备好的手。

你所拥有的，就是最好的

有一个农夫家里很穷，家中除了两间破旧的瓦房和一台老掉牙的电视机外，几乎一无所有。他缺少的东西实在太多了，漂亮的洋房、现代化的家电、汽车、摩托车……当然，他最缺的是钱，再过两天就是月末了，到了月末，他的儿子就会回来拿生活费，而他的口袋里现在只有10元钱。

农夫时常对着空旷的原野唉声叹气，抱怨上天对他的不公，别人有房，有车，有存款，吃的是山珍海味，喝的是五粮液和茅台，穿的是世界名牌，抽的是限量版的黄鹤楼；而他自己呢？住的是低矮、狭窄的瓦房，吃的是粗茶淡饭，喝的是米汤和白开水，抽的是两块钱一包的香烟，一年到头，辛辛苦苦，可银行里还是没有什么存款，日子过得捉襟见肘。农夫十分羡慕那些开着小车、穿着笔挺西装的有钱人，他常常幻想，要是自己有一天也能成为有钱人，那该多好、多幸福啊！

一天，农夫闷闷不乐地在田里插秧，这时田边来了一个衣着光鲜的有钱人，他目不转睛地看着农夫分苗、插秧、躬身、起身，眼神中流露出羡慕和向往。这个有钱人，农夫在电视上看到过，他是本省赫赫有名的企业家，拥有亿万资产。农夫抬起头，看了一眼有钱人，发现他似乎也不开心。农夫心想，像他这样的有钱人，难道还有什么不满足的吗。

农夫忍不住问有钱人："你有钱有势有地位，想要什么就有什么，可为何你看起来情绪那么低落呢？"

有钱人回答说："虽然我很有钱，用几辈子也用不完，但有许多东西，你有，我却没有。"

农夫听后十分不解，他停下手里的活，疑惑地问有钱人："那你说说，你都缺少什么呢？"

有钱人说："我缺少亲情，尽管我有5个儿女，可是他们没有一个人真正关心我，他们的心里只惦记着我的财产；我缺少朋友，无论是同学、下属，还是合作伙伴，他们都对我唯唯诺诺、阿谀奉承，没有一句掏心窝子的话；我缺少爱情，虽然我一生结过3次婚，与十几个女人有过暧昧的关系，可是她们没有一个真正爱我，她们的目的十分明确，那就是我口袋里的钱；当然，我最缺少的是健康，由于年轻时艰苦创业，落下了一身的病，就在前不久，医生检查出我患有晚期胃癌。有钱又怎么样，能买到亲情、友情、爱情和健康吗？钱虽然重要，但是同亲情、友情、爱情和健康比起来，它又算得了什么呢？你永远也无法体会我的痛苦，如果现在让我选择，我宁愿做一个像你这样的农夫，每天日出而作，日落而息，自由自在，快快乐乐。”

听了有钱人的诉说，农夫沉默了。之前，他一直渴望成为一个有钱人，没想到有钱人也有有钱人的烦恼。从那以后，农夫不再闷闷不乐，也不再抱怨上天，他每天都是乐呵呵的，因为他有一个幸福的家庭，有一个爱他的妻子，一双乖巧的儿女，有一帮善良真诚的邻居，有一身强健的体魄。有了这些，他还有什么不满足、不快乐的呢?

心灵悟语

每个人的人生都有苦有乐，不要预支明天的烦恼，不要因为羡慕别人的快乐而忽略幸福的自己。当你懂得珍惜现在，你会发现，那些珍贵的幸福和快乐都在你的身边。

是强敌，也是朋友

在凶险的海底世界，生活着一种名叫霓虹刺鳍的小鱼，它们的身长大约只有5厘米，没有锋利的牙齿，没有见血封喉的毒液，没有灵活的身姿，没有强大的攻击力，也不善于伪装和躲藏，并且有着鲜艳夺目的颜色，极易成为动物们攻击的目标。

在海洋生物圈里，霓虹刺鳍鱼就像一只毫无反抗力的蚂蚁，弱小得几乎所有的动物都可以将其玩转于股掌之间。可奇怪的是，霓虹刺鳍鱼在海洋里明目张胆地游来游去，却没有任何动物伤害它们。我们在惊叹唏嘘之余，不禁要问，在弱肉强食的自然世界里，霓虹刺鳍鱼靠什么手段生存呢？海洋生物学家通过细心的观察发现，霓虹刺鳍鱼的秘密武器就是和强敌交朋友。

和强敌交朋友，这听起来似乎有些匪夷所思，一条连自身安全都无法保证的小鱼，凭什么与凶猛的动物攀上关系呢？

原来，霓虹刺鳍鱼有一项特殊的本领，正是凭借着这项本领，它与鲨鱼、大海鳝等食肉动物成了朋友。霓虹刺鳍鱼，别称清洁鱼，顾名思义，它们是一种专门为其他鱼类做清洁的鱼。每当一些大鱼受到细菌等微生物和寄生虫的侵袭而生病时，霓虹刺鳍鱼就会附在它们的身上，或钻进它们的嘴里、喉咙里、牙缝间和鳃里，用自己尖尖的嘴啄去伤口上的坏死组织，致病的微生物，以及口腔内残留的物质，并以此为食物。

霓虹刺鳍鱼十分热心、善良和敬业，它们从不拒绝任何动物，不管对方长得多么丑陋，生性多么残暴，它们总是有求必应，耐心地为各类患者治病疗伤。一天之内，一条霓虹刺鳍鱼可为300多个“患者”解除病痛。别看鲨鱼等动物十分凶狠，所到之处，片甲不留，可它们从不把霓虹刺鳍鱼当作食物，总是对它们的“医生”充满了敬意，拿它当朋友。天长日久，就形成了这种“医生”和“患者”的关系。

依靠这种本领，霓虹刺鳍鱼不仅换取了海洋动物们的信任和尊重，避免了动物门的攻击，还获得了维持生命的食物，可谓一举多得。

霓虹刺鳍鱼的生存方式同样适合我们人类。我有一个朋友，他在一家外企上班。在公司里，他的工作能力不算最强，但他却有一颗乐于助人的心。同事的电脑出了问题，他义务维修；同事搬家，他充当免费劳动力；同事生病住院，他嘘寒问暖，又是顶班又是买药…… 可以说，无论大家遇到什么困难，总会看见他忙活的身影。因此，在公司里，他的人缘极好，大家都很尊敬他。

有一次，公司领导层更换，谁也没有想到能力平平的他，竟在群雄角逐中脱颖而出，成为得票最高的部门经理。所以，付出都是有回报的，哪怕你从未奢望过。

心灵悟语

有时，面对强劲的对手，与其针锋相对，弄得头破血流，或是淘汰出局，不如想办法与其合作，成为他的朋友，用真诚和善良去打动他，从而在激烈的竞争中得以生存和发展。

一元钱的尊重

那天，我和老总去外地出差，由于天气原因，飞机出现了晚点。我们在休息区内等了将近一个小时，却依然不见那架飞机的影子，我忍不住抱怨起来。老总倒是看得很开，他安慰我说："放松些，你着急也没用，就当是休息吧，咱们难得有这么空闲的时间。"

听了老总的话，我不再抱怨，索性观察起周围的人群。老总的旁边坐着一位六十多岁的老太太，头发花白，衣着朴素，脚边放着一个过时的旅行包，一看就是从农村来的。不知道是因为第一次坐飞机感到紧张，还是因为有什么别的急事，她显得焦躁不安，一会儿坐下，一会儿又站起；一会儿看看钟表，一会儿又瞧瞧我们。她的嘴角牵动了数次，但始终没敢说出口。

老总似乎意识到了老太太不寻常的举动，他亲切地对她说："老人家，我能为你做点什么吗？"看得出来，老太太可能遇到了什么麻烦事，但她好像不太信任我们，防备心很重。她看了老总一眼，摇摇头说：“谢谢！我没什么事。”

过了一会儿，老太太显得更加焦躁起来，老总再次对她说：“老人家，我们都是乘客，大家出门在外，难免会遇到一些困难，你有什么事，请尽管开口，我们一定尽力而为。”老太太见老总如此诚恳，又看我们的穿着打扮确实不像坏人，于是她不好意思地对老总说：“你能帮我照看一下行礼吗？水喝多了，想去一下卫生间。”

老总非常乐意地说：“当然可以，反正我们也要等飞机，您放心吧，您没回来前我们绝不离开。”老太太半信半疑地离开了，不过她仍不时地回头看看。这一切都被老总瞧在眼里，但他丝毫没有介意，毕竟大家互不相识，这种心情能够理解。

不久，老太太回到座位上，一脸轻松的样子。然而，让我万万没想到的是，她竟然掏出一块钱递给老总说：“年轻人，谢谢你帮我看包，这是给你的报酬。”那一瞬间，我惊愕得说不出话来，以老总的身价，别说一元钱，就是一箱钱他也不会动心。

显然，老总也没料到这样的场景，他愣了一下，本来想找个理由推辞，但看老太太一脸的真诚和认真，他只好接过钱，感激地说：“谢谢！我真幸运。”老太太露出了满意的微笑，她说，女儿在上海工作，她过去看看，顺便带了些家乡的土特产。

事后，我问老总：“为什么你会接受老太太的一元钱呢？”老总淡淡地说：“虽然一元钱微不足道，连一瓶饮料都买不到，但它是老人的一片心意，我接受它也是对老人的一种尊重，尊重是无价的。”

原来，在老人的眼里，她与老总是平等的，你给我看了包，我就得向你支付报酬。而在老总的眼里，老人是一位需要帮助的长者，尽管她身份卑微，但她的真诚并不卑微，她的微笑并不卑微，接受也是一种美德。那一刻，我仿佛明白了，为什么老总事业那么成功，为什么他在业界有那么高的威望，因为他尊重身边的每一个人，哪怕是一位乡下老太太或是一位不起眼的清洁工。

心灵悟语

在这个讲究个性、讲究张扬的世界上，我们可以独树一帜做自己，也可以特立独行无视他人眼光，但是无论做什么，都要以尊重为前提。尊重就像一颗弹力球，你用多大的力量扔出去，它就能用多大的力量弹回来，因为尊重他人，就等于尊重我们自己。

心胸有多宽，理想就有多远

他出生于德国的一个普通家庭，父亲是当地一位小有名气的鞋匠，从小到大，他穿的鞋都是父亲亲手制作的。父亲做鞋的技术十分精湛，做出来的鞋子不仅舒适耐穿，而且新颖别致，他穿在脚上，总能引来小朋友们羡慕的目光。

小时候，父亲一直是他心目中的英雄、崇拜的偶像，他曾暗暗发誓，长大以后也要做一名像父亲那样的鞋匠。

可是，随着他一天天长大，父亲在他心目中的高大形象开始一点一点地泯灭。特别是当他进入中学后，发现同学们的父亲不是政府官员、富商，就是律师、医生，他心中仅存的那点儿自豪感随之荡然无存。他感到十分自卑，从来不去父亲工作的地方玩，也从不让父亲到学校来找他。每每有同学问起他父亲是做什么的时候，他要么撒谎，要么支支吾吾地跑开。

有一次，他与一位同学闹了矛盾，那位同学不知从什么地方打听到他的父亲是一位鞋匠，于是当着全班同学的面，指着他的鼻尖大声骂道："一个臭鞋匠的儿子，有什么了不起的！以后少在我的面前装腔作势。"那一刻，他的自尊心受到了莫大的伤害，真恨不得能找到一条地缝钻进去。

这本来只是同学的一句戏言，而他却当了真，并把所有的罪过都归结到了父亲的身上。那天晚上，他回到家里，愤怒地朝父亲吼叫道："你为什么不是政府官员，为什么不是富商，为什么不是律师，为什么不是医生……社会上那么多种职业，你为什么偏偏选择做鞋匠呢？"

听了他的哭诉，父亲没有生气，而是极力地宽慰他说："孩子，鞋匠怎么了？我们不偷不抢，靠自己的双手吃饭，有什么好自卑的？再说，无论是总统，还是平民百姓，只要他在这个世上生活，就得穿鞋。如果没有我们这些鞋匠，那些嘲笑你的人就只能光着脚丫在大街上行走了。你可别小看做鞋这项工作，如果你做好了，大家都喜欢穿你的鞋子，那么你就是一个了不起的人。孩子，你务必记住，无论什么时候，别人可以看轻你，但你自己绝不能看轻自己。"

听了父亲的回答，他顿觉眼前一亮。是啊，全世界有60多亿人口，如果有1亿人穿自己做的鞋子，那将是一笔巨大的财富。从那以后，他不再自卑，开始跟着父亲认真地学习做鞋技术，并且还在传统工艺的基础上进行了大胆创新，发明了700多种与运动相关的专利产品，生产出了世界上第一双现代冰鞋、第一双多钉扣鞋、第一双胶铸足球钉鞋……当别人再次问起他父亲是做什么工作的时候，他总是理直气壮地说："我父亲是一位了不起的鞋匠。"

多年后，他成了世界上一位响当当的风云人物，他做的产品成了专业运动员和普通市民追捧的时尚，他就是风靡全球的体育用品制造商阿迪达斯（adidas）的创始人阿道夫·达斯勒。从创业至今，阿迪达斯一直是行业的领跑者，产品远销世界150多个国家和地区，每年的营业额达到上百亿欧元，而这个奇迹的创造者就是一名鞋匠的儿子。

心灵悟语

不要轻视自己的出身，也不要小瞧任何一种看似不起眼的职业。只要从实际出发，抓住身边的每一次机会，你会惊奇地发现，你的心胸有多宽广，你的理想有多远大，你脚下的路就有多长。

善意的人生更有意义

巴顿是二战时期美国著名将军，曾指挥大小战役无数，立下了显赫功勋，为反法西斯战争的胜利做出了卓越贡献。

有一次，巴顿在指挥一场重大战役时，双方猛烈交火。激战中，巴顿发现一架敌机正朝自己的阵地俯冲过来，情况万分紧急。按照常理，有飞机轰炸时，一般都是就地卧倒，以防止弹片击中身体。巴顿久经沙场，自然明白这个道理。就在他准备就地卧倒时，忽然发现前方不远处有一位年轻的士兵没有卧倒，或许是第一次上战场的新兵，被这样的场景吓蒙了。巴顿想提醒他，但显然已经来不及了。千钧一发之际，巴顿一个飞身，奋不顾身地将年轻士兵扑倒在地，并严实地压在身下。随着一声巨响，巴顿原来站立的地方被炸出一个大坑，泥土溅了巴顿一身，所幸他俩均未受伤。巴顿从地上爬起来，望着那个深坑，惊骇不已。要是刚才不去救年轻战士，或许现在已经光荣牺牲了。扶起年轻战士，巴顿默默地说，感谢上帝，感谢自己那一瞬间的善意！

无独有偶，四川民工刘某，长期在广东一带打工，为了多挣一点儿钱，他有好几年都没回家了。2010年年关，刘某领到工资后，决定回家看看妻子和孩子。经过几天几夜长途颠簸，他终于回到日思夜想的故乡，快到村口时，他忽然看见河里有一个小孩儿在拼命地挣扎着，眼看就要被河水淹没，而此刻河畔空无一人。见此情景，一向纯朴善良的刘某想也没想，就放下行李，纵身跳进冰冷的河里。很快，小孩儿被救上岸来。见到妻子，刘某才知道，刚才救上来的孩子不是别人，正是自己五岁大的儿子。原来，儿子听说他要回来，高兴地跑到河对岸去迎接他，谁料想那天下了点儿小雨，孩子脚上一滑，掉进河里，而恰好被刘某碰到。事后，刘某感叹不已，如若当时他不及时施救的话，或许孩子就没了，自己也将陷入一辈子的愧疚和痛苦中。

这些看似巧合的事情，实际上都是善良和爱心带来的幸运。很多时候，我们在帮助别人的同时，实际上也帮助了我们自己。

心灵悟语

我们常常抱怨世风日下、人心不古，遇到困难时，不一定能得到别人的帮助。可是，当别人遇到困难时，你是否伸出了自己的善意之手呢？也许帮助别人，对于你来说只是举手之劳，然而对于受帮助的人来说，无异于雪中送炭。

山重水复疑无路，柳暗花明又一村

有一次，一个探险队来到一座神秘的大山探险。起初，他们行进得十分顺利，几乎没有遇到什么大的障碍，很快就到达了山腰，如果不出意外的话，第二天他们就能成功地登上山顶。

但不幸的是，当天晚上，他们却遇到了罕见的暴风雪天气，大雪覆盖了所有道路，他们陷入了进退两难的地步。更糟糕的是，他们的指南针也弄丢了，而山中一点手机信号也没有，根本无法向外界求助。

他们尝试了几次，想要凭借记忆走出大山，然而，绕行了整座雪山的四面，发现它们看起来都差不多，加上能见度不高，根本分不清东西南北。他们绕行了几圈，始终找不到来时的路，渐渐地，他们在大山中彻底迷失了方向。大家的脸色不禁变得凝重起来，如果再这样持续下去，他们肯定会葬身在这漫无边际的雪山之中。

见此情景，有个胆小的队员吓得哭了起来，他大声地哀求道：“我不想死，你们想想办法吧。”在这样的情况下，又有什么办法可想呢？霎时间，大家不知所措，陷入了绝望。

就在这时，队长突然拍着脑门说：“差点忘了，临行前，我担心发生什么意外，特地准备了一张地图，现在正是用到它的时候。不过，今天时间已晚，大家好好地在帐篷里休息一夜，保存体力，养足精神，明天我们继续前行，只要大家跟着我，就一定能活着出去。”大家听后，暗淡的眼神顿时明亮起来，仿佛抓到了一根救命稻草。

在队长的带领下，他们连续走了七天，终于走出了让人恐惧的大雪山。事后，有人想起队长的地图，感慨地说：“多亏了队长的那张地图，不然我们谁也别想活着出来。”队长听后，从兜里掏出一张纸，然后慢慢地展开。大家好奇地围过去，很快，他们惊讶地发现，那根本不是什么地图，而是一张普通的白纸。这时，队长意味深长地说：“身处绝境，如果大家消极等待，只能坐以待毙，但是，如果我们积极地行动起来，那情况就完全不一样。”

心灵悟语

当我们遭遇艰难险阻时，如果不放弃希望，正视现实，不畏惧，不退缩，努力寻找解决问题的方法，就会出现“山重水复疑无路，柳暗花明又一村”的崭新境界。

学会微笑，是生活的艺术

曾经有个外国影迷好奇地问李连杰：“你认为最厉害的中国功夫是什么？”那位影迷以为李连杰会列举大力金刚掌、易筋经、九阴白骨爪、降龙十八掌什么的。但出乎意料的是，李连杰却微笑着说：“是微笑。”外国影迷十分困惑，李连杰又接着说：“因为微笑可以兵不血刃地征服别人，世界上没有任何一种功夫能达到这种境界，所以微笑才是最上乘的功夫。”

也有人曾问“世界上最伟大的推销员”乔·吉拉德：“你成功的秘诀是什么？”人们以为他会说出一大堆充满智慧的推销技巧，然而，令人意想不到的是，乔·吉拉德却只说了两个字：“微笑。”大家难以置信。乔·吉拉德又解释说：“当你笑时，整个世界都在笑。之所以我平均每天能卖出六辆汽车，就是因为我时刻对客户保持着友善的微笑，是我的微笑打动了他们。一脸苦相的业务员，是没有人愿意搭理的。”

微笑是一个十分简单的动作，无须语言，无须金钱，只要牵动面部的肌肉和嘴角就能完成，然而，它却能带来神奇的效果。微笑是一个人最好的名片，也是一个企业制胜的法宝，商场上有很多秘而不宣的“诀窍”，而微笑却是公开的、通用的。

希尔顿是美国的十大财阀之一，有着“酒店业大王”之称，他的酒店遍布全球各地，每年都会给他带来数亿美元的收益。可是，我们怎么也想不到，希尔顿的成功竟然始于微笑。1887年，希尔顿生于美国新墨西哥州，在31岁以前，他是一个碌碌无为的人，像所有普通人一样忙着四处寻找工作，直到有一天，他买下了蒙布勒饭店，才找到自己热爱的事业。

起初，他的生意并不好，屡屡亏损，却又始终找不到失败原因，情急之下，他不禁向母亲诉起了苦。母亲了解了事情的大概经过后，对他说：“孩子，你必须去把握更有价值的东西，除了对顾客要诚实以外，还要有一种更行之有效的办法，一要简单，二要容易做到，三要不花钱，四要持之以恒，那就是微笑。”

从那以后，希尔顿把微笑作为自己创业的第一标准，努力让投宿的客人感到宾至如归、如沐春风。不仅他的脸上常常保持着富有感染力的微笑，而且他还把这作为一种企业文化，贯彻到每一位员工的思想和行动之中。他对手下的员工说得最多的一句话就是：“你今天对客人微笑了没有？”

在希尔顿的严格要求下，酒店的所有员工都养成了对客人微笑的习惯，无论他们遇到什么不开心的事，也无论客人如何刁难，他们始终保持轻松、热情、真诚的微笑。微笑服务使希尔顿获得了巨大的成功，也使他从得克萨斯州一家不起眼的小旅馆老板，逐渐发展成为享誉世界的“酒店业大王”，他的触角从美国延伸到了五大洲的各大城市，拥有上百家顶级大酒店。即便是在1930年，美国经济遭遇大萧条，全国80%以上的旅店都倒闭了，但“希尔顿酒店”依然人气不减，顺利地渡过了危机。可以说，微笑帮了希尔顿的大忙，也彻底改变了他的人生。

微笑是“解语之花，忘忧之草”。假如你是一粒微笑的种子，那么他人就是土地。既然如此，我们何不露齿一笑呢？

心灵悟语

真实的生活不会一帆风顺，我们无法选择，也无法逃避。既然如此，我们只能微笑着去面对，用积极乐观的人生态度去发现生活中的美和善。当你心中有美，你的生活便充满阳光；当你心中有恶，你眼中的世界便满是污浊。

诗意探寻人生，静谧积蓄力量

在我家乡的一些山林里，生长着一种珍贵的树，名叫楠木。一年四季，郁郁葱葱，苍翠欲滴，其树干高大通直，树冠形若一把大伞，树叶浓密茂盛，看起来十分美丽。

记得小时候，有一次，父亲带我来到后山，他指着其中一棵楠木对我说："你别小看这棵树，虽然它算不上什么参天大树，但却有上百年的历史，价值相当昂贵，足以换一座房子。"

"就这么一棵不起眼的树，能值这么多钱？"我有些难以置信地问。

父亲回答道："看一样东西有没有价值，不能光看表面，得看实质。就拿楠木来说吧，它的外观与其他树没有多大区别，但它的质地却比它们不知要好多少倍。其他树三五年或十几年就能够长大，而楠木的生长速度十分缓慢，通常要百年左右才能为栋梁、成材。不过，尽管它成材晚了些，但由于它充分吸收了阳光、雨露，历经了无数次风吹、雨打、雷劈，色泽变得淡雅匀称，木质变得坚硬厚实，用它做家具，不仅伸缩变形小、不腐不蛀，而且还有淡淡的幽香。所以一直以来，楠木都被认为是一种高档的木材，常常被皇家用于修建藏书楼、金漆宝座、室内装修等。”

父亲还说：“做人就应该像楠木那样，不好高骛远，不急功近利，懂得循序渐进，一点一点地成长和壮大，那样才会更有价值。”

在我的家乡，还生长着一种树，名叫泡桐树，几乎家家户户的庭前院后都种有几棵。泡桐树在全国的分布十分广泛，生长速度也非常惊人，一般三五年就能长成一棵大树。不过，由于它的生长速度过快，所以质地一般都比较差，而且枝干弯曲短小，多树痂。用它修建房屋，不如桉树和柏树；用它做家具，不如杉树和杨树，更不要说楠木了。因此在我的家乡，人们通常都把泡桐树砍来当作柴烧，认为它没有多大的价值。

正所谓，冰冻三尺，非一日之寒；滴水穿石，非一日之功。从楠木的身上，我明白了一个道理，成长是需要时间积累的，人生的路亦需要我们一步一步踏实走好，像是木材，生长的时间越慢，质地越好，也越珍贵。

曾经有一位失意青年去拜访绘画大师门采尔，他问：“为什么我画一幅画只要一天时间，而卖一幅画却要整整一年时间？”门采尔微笑着对年轻人说：“你不妨把时间倒过来，用一年的时间去画一幅画，兴许你一天就能卖掉它。”

一个人想要在短时间内成功，那几乎不太可能，即便能做到，也不过如昙花一现，难以持久。细水长流，积蓄汇聚，方能掀起惊天巨浪。因此，在成长的路上，我们不要害怕寂寞，也不要害怕等待，只需要诗意地探寻生活，然后，静谧地积蓄力量。

心灵悟语

无论做什么事，都要心平气和地坚持下去，一步一个脚印，静静等待成功的到来。请相信我们的努力都是有用的，就算眼前还看不到效果，但它会在某处悄悄地为我们积蓄力量，等到那一天到来时，为我们发出奇迹之光。

第五章

心向远方，哪怕颠沛流离

冰冻三尺，非一日之寒；滴水石穿，非一日之功。美好的人生非一朝一夕而就，常常需要在漫长的岁月中不断磨砺、不断成长、不断创造。只要你心向远方，知难而上，跌倒后再爬起来，失败后再鼓起勇气，终有一天会抵达成功的彼岸。

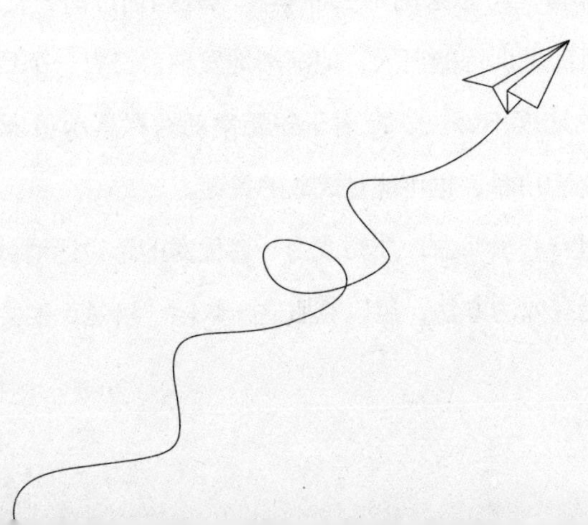

不为失败找借口，只为成功找方法

阿里斯·梅里特是美国著名跨栏运动员。有一年，有同学和他打赌，让他跨越场地中一个比较高的障碍物。虽然梅里特从未练过跨栏，但生性好强的他不愿在同学面前低头，于是他铆足劲，纵身一跃，竟然不是很费劲地就跳了过去。梅里特做梦也没想到，自己的短跑成绩不怎么理想，而在跨栏方面却有过人之处。

从那次打赌事件后，梅里特果断地放弃了短跑，改学跨栏。当然，跨栏并非梅里特想象的那么简单。刚开始训练时，他就摔了好几个跟头，并且随着训练的深入，他渐渐地发现自己有一个致命的弱点，那就是起跑的速度不够快。而对于短距离的跨栏运动员来说，时间就是胜利，哪怕是0.1秒，也可能是成败的关键。

梅里特心里明白，要想成为一名优秀的跨栏运动员，就必须寻找到一个行之有效的方法，用以克服这一缺陷。可是，他尝试了许多种方法后，还是比别的运动员慢了半拍。

那一晚，梅里特辗转反侧，难以入眠。不过，他很快就想通了一件事，既然自己无法在起跑上突破，那又何必在这方面浪费时间呢？110米跨栏不是只有一个栏，而是有10个栏，也就是说，只要自己上第一个栏时，力求稳妥，再在后面把速度提上去，就也有取胜的机会。

经过反复练习，梅里特果然把缺陷化为了优势，他在前几栏积蓄力量，而在后几栏猛烈暴发，以最快的速度将对手甩在身后。

2004年，18岁的梅里特代表田纳西大学参加了在意大利格罗塞托举行的田径世青赛，他就像一匹奔驰的骏马，毫无悬念地赢得了110米栏的冠军。那是梅里特第一次获得如此高的荣誉，他不由得信心倍增，决心在110米栏闯出一番新天地。

然而，在2006年，梅里特却遭遇了滑铁卢，在瑞士洛桑，他遇到了飞人刘翔。那一场比赛，刘翔以12秒88的好成绩完胜了他的13秒12。最终，梅里特失败而归。梅里特不敢相信，世界上竟然有人能跑出这么快的速度，但他又不得不相信眼前的事实。那一刻，他发觉“天外有天，人外有人”，自己与那些顶尖跨栏选手比起来还是有一定的距离。梅里特感到有些沮丧，他情不自禁地问自己：“我能超过刘翔吗？”心中一个声音说“刘翔就像一座山，你不可能超过他的，这辈子你能做第二就不错了”；而另一个声音又说“不行，我不能退缩，既然刘翔能够打破世界纪录，那我也同样可以做到”。

为了提升速度，梅里特加强了训练，并苦苦地寻找着超越自己的方法，通过几年的摸索与实践，梅里特决定将八步上栏改为七步上栏，因为七步上栏可以大大地提高攻击性和速度，以绝对的优势压倒对方。经过三个多月的刻苦训练，梅里特终于掌握了七步上栏的要领和节奏，他的跨栏成绩一下子突飞猛进。

2012年3月，梅里特再次与飞人刘翔相遇，这一次，他以7秒44的成绩击败了刘翔，取得了土耳其世锦赛男子60米栏冠军。更令世人震惊的是，梅里特在几个月后的伦敦奥运会上技压群雄，成功地登上了奥运冠军的宝座，实现了自己多年的梦想。

心灵悟语

李嘉诚有一句名言：不为失败找借口，只为成功找方法。世上之事不是不可能，只是我们没有找到打开成功大门的那把钥匙，就像一百多年前，爱迪生发明电灯一样，那时没有人敢相信这会变为现实。

人生中的弯路，走过之后才懂得

夏天的时候，我和几个朋友相约去郊外爬山。行至一路口，前面出现了两条路，一条是平坦宽阔的大路，一条是逶迤崎岖的小路。正当我们不知如何抉择时，一位家住这儿的长者告诉我们，这两条路都可以通向山顶，但小路险阻重重，很不好走，长者建议我们走大路。

我们觉得大路虽省力省时，但却不好玩。小路虽险，但风光绮丽。出于一种猎奇览胜的心理，我们执意要选择小路。长者关切地说：“小路少有人走，一些路段可能被草木所淹没，你们又不熟悉周围的环境，如果迷了路，也只能沿途返回，与其如此，倒不如走大路。”长者的话虽有道理，也完全出于对我们的关心，但血气方刚的我们哪里听得进去，最终，我们还是选择了走小路。

深山幽谷，苍松翠柏，泉水叮咚，鸟语如歌，小路的风景果然很好。我们兴奋不已，感叹幸好没有听那位长者的话，不然就错过了这难得一见的大好风光。但是，兴奋没能维持多久，走到半山腰时，正如长者所预料的那样，一些路段果然被荆棘和野草淹没了。这时我们有些后悔，不该贸然行事，应该听从长者的劝告。我们打算沿路返回，但又怕遭长者嘲笑，于是只好硬着头皮继续前进。

我们摸索着走了一阵，走着走着，前方的小路完全消失了，环顾四周，全是密密麻麻的树林和齐腰的野草，根本分不清哪里是山，哪里是路。在密林中，我们又胡乱地穿行了半个小时，最后彻底迷路了。怎么办呢？想前进，又不知路在何方。想后退，又找不到返回的路。我们进退两难，互相埋怨。

就在我们快要绝望时，那位长者出现了，原来他放心不下我们，悄悄地跟了来。看到长者，我们犹如看到救星，两行感动的热泪不由自主地喷涌而出。在长者的带领下，我们一路攀爬，终于在正午时分到达了山顶。此刻，我们又累又饿，衣服有多处都被树枝和荆棘划破了，身上甚至还被划出了几道血口子。本来走大路只要两个多小时就能到达山顶，结果我们用了四个多小时。我们后悔不迭，要是听了长者的话，就不会走这么多的弯路了。

由这个登山过程中遇到的小插曲，我不禁想到了我们的人生，其实，我们的人生之路又何尝不是如此呢？

读书时，老师曾语重心长地提醒我们，要好好学习，要珍惜时间，要懂得感恩……那时，我们未经世事，年少轻狂，笑老师杞人忧天，笑老师是跟不上时代的老古董。可是当有一天我们遇到困难时，找不到理想的工作时，被生活逼得走投无路时，才发现老师说的话都是至理名言，可是当初为什么我们就听不进去呢？

年少时，父母曾语重心长地提醒我们，不要迷恋网络游戏，不要涉足早恋，不要跟不三不四的人来往……那时，我们高呼，我的青春我做主，父母的话哪能听进去。可是当有一天，我们长大成人，也做了父母，我们想把自己的生活经验告诉孩子，让他们少走弯路，可是他们却和我们当年一样，只会将父母的话当作耳边风，结果还是走了许多的弯路。

也许人生注定了，有些弯路是绕不过去的，必须要走过之后才会懂得。

心灵悟语

每个人都急着赶路，想早点把路走完，可路在哪里，又是不是弯路，却很少有人思考。年轻的时候，不着急赶路，慢慢欣赏身边的风景，虚心跟随智者的指引，那些走过的弯路，如今你不必再走。

只有包容，才能拥有

在一辆汽车上，有两位乘客为一件小事打了起来。事情的起因是，一位乘客的塑料袋子从货架上掉落下来，砸到了另一位乘客的肩上。这本来是一个意外，也并未伤着人，但那位被砸着的乘客随即破口大骂。事主向他道歉，他还是不依不饶，指责没完没了。事主一时压抑不住，就和他吵了起来。吵着吵着，两人便动起了手，最后还被赶来的民警带到了派出所。

一件本来可以轻易化解的小事，却弄得头破血流，彼此都不愉快，这让人不免觉得遗憾。眼前的景象让我不由自主地想起了发生在异国的一幕。

有一次，美国著名的成功学家、成人教育之父卡耐基先生去参加一个重要的学术演讲，走之前，秘书莫莉将演讲稿放进了他的公文包里。演讲开始了，卡耐基先生笑容可掬地从皮包里取出演讲稿，并照着上面的文字读了起来。立刻，台下爆笑如雷，人们议论纷纷。

卡耐基先生很快反应过来，一定是秘书莫莉将他的演讲稿装错了。当时他心里十分生气，打算演讲结束后就将秘书莫莉辞退掉。卡耐基先生强忍着胸中的怒火，使自己迅速平静下来，他幽默地说："女士们，先生们，刚才只是跟大家开了一个小小的玩笑，下面我们正式进入今天的议题。"尽管没有演讲稿，但卡耐基先生还是演讲得非常成功。

演讲结束后，卡耐基先生回到办公室，秘书莫莉微笑着迎上来说："卡耐基先生，您今天的演讲一定很成功吧？"

"是的，非常成功，台下掌声不断。"卡耐基先生点点头说。

"那真是祝贺您了！"莫莉高兴地说。

"莫莉，你知道吗？我今天去给人家讲的是《如何摆脱忧郁，创造和谐》，我从包里取出讲稿，刚一开口，下面便哄堂大笑。"

"那一定是你讲得太精彩了。"

"的确精彩，我读的是一段如何让奶牛产奶的材料。"说着卡耐基先生将手中的演讲稿递给了莫莉。

莫莉的脸"唰"的一下红了，低声地说："对不起！卡耐基先生，我太粗心了，这一定让您丢脸了吧。"

"那倒没有，你使我自由发挥得更好，我还得谢谢你呢！"

卡耐基先生的宽容让莫莉无地自容，从那以后，莫莉再也没有犯过类似的错误。

生活中，当别人犯了错误时，我们总是喜欢横加指责，甚至揪住别人的错误不放，结果，犯了错误的人不但没能很好地认识到自己的错误，相反还在心里埋下了怨恨的种子。犯了错误固然不对，但如若我们能以一颗宽容的心，给别人的错误一个台阶，相信在对方的心里就会萌生出一株感恩的幼苗，并将这种宽容和爱心传递给他身边的人。

心灵悟语

一味地苛求、指责对方，最终只会伤人伤己，没有任何好处。遇到矛盾或误会，多站在对方的角度想一想，以恕己之心恕人，不但能够化解一场矛盾，还能增进双方的理解，使你收获更真诚的情意。

另类智慧，让努力事半功倍

16岁那年，他正在上中学，为了挣些零花钱，他找了一份工作，帮休斯敦《邮报》拉订户。通常情况下，要想拉到更多的订单，只有凭借优秀的口才和不辞辛苦的奔波，挨家挨户地软磨硬泡。但他并没有这样做，因为他明白，如果按常规出牌，肯定拉不到太多的订户，且不说自己的口才，单就时间而言就远远不足，毕竟中学的课业还是比较繁忙，抽不出太多的时间，要想靠拉订户赚钱，就只能另辟蹊径。

可是，要想既不耽误学习，又能轻而易举地挣到钱，这谈何容易！如果有好的方法，相信别人早就想到了。为此，他反反复复地思考了几天，也没能想出一个切实可行的办法。

这天，碰巧他的一位亲戚结婚，在婚礼上，许多小孩都得到了礼物和红包，这一情景让他眼前为之一亮，困扰他多日的难题终于有了答案。他打算把最佳订户锁定在新婚夫妇身上，因为结婚是一个人一辈子最幸福、最快乐的日子，这期间，他们一般都不会轻易拒绝别人的请求，即便某些请求是他们平常不能接受的。

想到这一点后，他开始着手策划如何具体实施。摆在眼前的有两个困难：一是怎样获取新婚者的信息，二是采用什么样的方式向他们推销报纸。经过走访和调查，他发现新婚夫妇在结婚前都要去法院登记地址和领取结婚证，只要有法院工作人员的帮忙，就能拿到每一对新婚夫妇的地址和联系电话。于是他通过同学父母的关系，得到了新婚夫妇的姓名和住址。

为了节省开销和避免当面推销所带来的尴尬，他采取了写信的方式。随后，他按照储存在电脑中的地址，给每一对新婚夫妇寄去了一封颇有特色的信，最上面一页是对新婚夫妇的祝福，下面一页则是订阅《邮报》的相关资料。正如他所料想的那样，大部分的新婚夫妇都没有拒绝他，通过这种方式，他获得了不菲的订单。

首战告捷后，他又将订户锁定到了乔迁新居的人身上。他采用同样的方式，先在银行或房管部门取得他们的详细资料，然后再逐个给他们写信。这一招仍然有效，虽然成功率比不上新婚夫妇，但还是从中获得了不少订单。就这样，不到两年的时间，他就赚得了一辆白色宝马车和三台电脑，成为第一个开着车上大学的学生，这样的业绩是许多人想都不敢想的。

也许你觉得故事到此应该告一个段落了，其实远没有完。进入大学后，他注册了“PC有限公司”，办公室就在宿舍内，专门经营组装机。当时市面上只有原装机，一方面一些批发商手里的电脑积压着销不出去，另一方面一些客户又买不到理想的电脑。发现这个问题后，他用较低的价格从批发商那里买来成品电脑，再量体裁衣，在计算机上添加一些硬件或软件，使之达到顾客的需求。

靠着这种经营模式，他每月的收入高达5万～8万美元，但他并不满足于这样的成就，念完大学一年级后，就义无反顾地退了学，专心从事自己所热爱的电脑事业，并创立了用自己名字命名的电脑公司。

22岁那年，美国的股市暴跌，人们纷纷将手中的股票抛出，而他却凭着过人的胆识和敏锐的洞察力，大量吃进高盛的股票，结果第二年便获得了1800万美元的高额利润。随后，他逆流而上，在电脑界独占鳌头。年仅27岁就成了全球500强企业里最年轻的CEO，拥有个人净资产两百多亿美元，连世界首富比尔·盖茨都为他而折腰。

这个传奇人物，就是美国的直销之王——Dell公司总裁迈克尔·戴尔。

心灵悟语

挖掘自己的“另类智慧”，勇敢尝试你所不敢做却对你的人生有帮助的事情，这并不是一种无畏的冒险，相反，这是对人生和自我的开拓。不停地尝试，不停地发现自己体内蕴藏的能量，努力，也可以变得事半功倍。

认真地做好每一件事

艾森克出生于美国得克萨斯州一个普通的工人家庭，22岁那年，他大学毕业，为了寻找工作，他四处投递简历，托亲戚朋友帮忙，但由于专业的限制，他跑了很多家公司都没有找到理想的工作。无奈之下，他只好来到芝加哥碰碰运气，出人意料的是，在这儿，他几乎没费什么力气就找到了一份适合自己的工作。

到了公司后，艾森克奇怪地发现，这家公司还有好几个职位空着，他们正在到处招人。艾森克赶紧给自己的同学和校友打电话，让他们也过来试试。果然，在他的引荐之下，他的同学也轻松地找到了工作，而公司也顺利地招聘到了员工，可谓两全其美。

随后，艾森克通过走访和调查发现，不光是他们公司存在着这种现象，其他企业也经常会遇到类似的情况。一方面，一些大学生毕业后找不到适合的工作；而另一方面，一些企业又招不到合适的人才。鉴于这种矛盾，再联想到自己找工作时所遭遇的种种困境，艾森克决定专门创办一个网站，来帮助那些需要寻找工作的人。

网站建好后，艾森克利用业余时间，通过各种渠道获取各大企业的招聘信息，一经核实后就放在网站上，供那些想找工作的大学生和待业者查询、参考。起初，有人对他的网站持怀疑态度，认为是骗人的把戏，因为艾森克的网站不收取任何费用，完全属于公益行为。后来，有一些急于找工作的人抱着试一试的想法，按照艾森克提供的信息和地址，将简历寄了过去，让人意想不到的是，他们中的许多人因此找到了工作。于是大家一传十，十传百，各大高校的毕业生几乎没有一个人不知道艾森克的网站。大家都将这个网站当作了求职指南，不管是急于寻找工作的人，还是即将进入社会的大学生，抑或他们的父母，都喜欢来艾森克的网站看一看。渐渐地，艾森克的网站名声大震，点击率一路飙升，短短几年时间，注册会员就达到了上千万人。

于是，有人向艾森克建议，让他从免费走向收费，那样也可以收回一部分成本，毕竟他在这个网站上付出了很大的心血，收取一定的费用也是应该的。但艾森克并没有那样做，他甚至还在网上公开申明，他的网站永远免费，永远无偿为大家服务。

对此，艾森克的家人十分不解，为了维持这个网站的正常运转，艾森克几乎花去了他所有的积蓄和大部分精力，而他却不向别人收取一分钱，这完全就是傻子的行为。

其实，艾森克并不傻，相反他还很聪明。虽然他的网站属于免费服务，但他却因此赚够了人气，他和他的网站都变得家喻户晓。慢慢地，有人从中看到了商机，要求在艾森克的网站刊登广告，并支付一笔不菲的费用。由于艾森克的网站名气大，关注度高，不管是什么产品，只要在他的网站首页连续挂上三个月，就能成为畅销产品，所以商家们都乐意与他合作。

每年光广告收入这一项，艾森克就能获利一千万美元以上。这时，他的家人才如梦初醒，原来免费服务只是一个幌子，艾森克真正的目的是要用它发家致富。

世上没有白干的活，只要你认真地做好每一件事，哪怕是免费为别人服务，也会从另一方面获得丰厚的回报。

心灵悟语

生活常常是平淡无奇的，可我们却可以让它变得不平淡。用一些小创意，去引起人们的好奇心；用真诚的心，为他人的生活创造便利。认真地做好每一件事，认真地对待每一个人，让那些惊喜的花儿，点缀我们的人生。

维护好心灵的洁净

记得去年，我在耐克专卖店买了一双白色运动鞋。起初，我十分爱惜这双鞋，只要上面有一丁点的灰尘或污垢，我就会不厌其烦地将它擦拭干净。并且，下雨天我不穿，去郊外不穿，打球时不穿。在我的精心呵护下，这双鞋买了半年还如新的一样。但后来，我穿着这双鞋在一次乘坐公交车时，不小心被人踩了一下，上面留下了一个印迹。由于当时没有及时处理，回到家后怎么清洗也无济于事。

因为有了这个印迹，我从此不再爱惜它，无论道路多么泥泞，我总是拿它当“劳保鞋”穿，即便上面沾了些灰土，也懒得打理。渐渐地，这双鞋子上的印迹越来越多，进而一双纯白色的运动鞋也彻底变了颜色。直到今年，我甚至觉得穿着它实在无法见人，索性把它丢弃了。

经历了这件事后，我也渐渐领悟到，人生中有许多看似毫不起眼的小事，如果不及时处理，或处理不当，它就会像一颗毒瘤一样在人们的心里生根发芽，最后把你完全吞噬，令你的人生毁于一旦。

小洋是我邻居家的孩子，他长得乖巧伶俐，对人也很有礼貌，算得上是一个好孩子。有一次，他的语文成绩没有及格，被父亲狠狠地揍了一顿，自尊心受到严重挫伤。随后，又有几次他考得不理想，父亲不但没有安慰他，反而加倍责骂他，挖苦他，贬低他。从那以后，这个孩子就变了，变得越来越不爱学习，越来越调皮捣蛋，越来越麻木不仁。

一个人的自尊心就是这样，当没有被人伤害时，他总是小心翼翼地维护，但一旦被伤害，或伤害的次数多了，他就会毫不在乎，破罐子破摔。

和珅是中国历史上有名的贪官，可能大多数人会认为他生性就贪婪残忍。其实不然，正如《三字经》中说的那样：“人之初，性本善。”没有哪个人一生下来就是恶人，往往都是因为后来的一念之差，才一失足成千古恨。

年轻时的和珅，很有才气，很有理想，也很有正义感，做了不少利国利民的好事。可是，随着他官位的升高，手中的权力越来越大，欲望也一天天膨胀。终于有一次，他未能把持住自己，忐忑不安地收下了第一份贿赂。正所谓，溪壑易填，人心难满。有了第一次，就会有第二次、第三次。就这样，和珅一步一步地走向了巨贪，并最终沦为刀下之鬼。

很多落马的官员或许都有这样一段类似的经历，起初他们立志要做一个好官，清正廉洁，全心全意为人民服务，却因为一次贪念，使他们迷失了自我，走上了一条不归之路。

心灵悟语

“千里之堤，溃于蚁穴。”不要小看心灵里的一粒尘埃，因为如果你不及时将它擦洗干净，它就会越聚越多，最终使你掉入黑暗的深渊。对于那些微小的污点，我们不能听之、任之、放之，而应该引起足够的重视，防微杜渐，永绝后患。

梦想的力量

周末，在家陪女儿看动画片《小鸡不好惹》，片中有两只可爱的黄鼠狼瘦高高和胖乎乎，它们整日梦想着吃鸡，每天都认真地钻研“捉鸡大法”，刻苦地练习偷鸡技巧，只要一有机会，它们就会全力以赴，大有不抓到鸡誓不罢休的劲头。

不过，小鸡太聪明了，每次黄鼠狼们的计划都落了空，到头来一切都是徒劳，不但鸡没有捉着，还被小鸡们整得很惨，弄得灰头土脸，伤痕累累。尽管这样，它们仍然乐此不疲，不气馁，不放弃，屡败屡战，仍然斗志昂扬，执着地追求着自己的理想。

于是，它们陷入了一个可笑的怪圈，永远想捉鸡吃，却永远吃不到鸡。

有一次，胖乎乎灰心丧气地对瘦高高说：“既然我们每次都捉不到鸡，那为什么还要去捉呢？”瘦高高斩钉截铁地回答：“你知道什么，我们捉的不是鸡，而是梦想。”细细品味这句话，竟发现其中蕴含了一个深刻的人生哲理，那就是：“人生可以没有很多东西，但唯独不能没有梦想。”

第二次世界大战期间，德国纳粹党在奥斯维辛集中营修建了许多狭窄的囚室，每一间囚室都有一扇一尺见方的窗户，透过那扇小小的窗户，囚犯们可以看见外面的世界，每当一些小鸟自由自在地从眼前划过时，他们的脸上便会露出欣慰的笑容，心中充满了希望；然而，也有一些人只关注屋外的高墙和铁丝网，他们神情凝重，内心焦躁不安。结果，随着时间的流逝，前者因为心怀希望和梦想，坚强地活了下来；而后者却因为看不见未来，还未等到解放，就在郁闷中死去了。

荷马史诗《奥德赛》中有一句至理名言：“没有比漫无目的地徘徊更令人无法忍受的了。”如果一个人没有生活目标，就会变得昏昏庸庸，空虚寂寞，找不到灵魂的归宿，如同一具行尸走肉。

梦想是一个人生活的希冀，也是一个人精神的支撑，更是一个人奋进的力量，为梦想而奋斗是人生中最快乐的事。因为有了梦想，越王勾践才会忍辱负重，卧薪尝胆，甘为人奴；因为有了梦想，苏秦和孙敬才会“悬梁刺股”，苦心读书；因为有了梦想，文天祥才会发出“人生自古谁无死，留取丹心照汗青”的豪迈之音；因为有了梦想，马丁·路德·金才会无所畏惧，矢志不渝地为黑人的解放事业奋斗终生。

在追逐梦想的路上，我们每个人都会遇到挫折和不幸，都会遭遇失败的打击，如果自暴自弃，沉溺于痛苦之中，那么我们将会一事无成，生活也会变得一片黑暗。北宋文学家王安石曾说："不畏浮云遮望眼，只缘身在最高层。"英国伟大的诗人雪莱也曾说："拨开云雾，你会看到满天的阳光。"

困难只是暂时的，只要你有"锲而不舍，金石可镂"的精神，并为了心中的梦想孜孜不倦地努力，就算是铁树，也会有开花的那一天。

心灵悟语

生活中，不必过分苛求自己要有多大的作为，也不必在乎结果如何，学会享受努力的过程，只要心存梦想，只要追求过、奋斗过，即便不能成功，人生也是充实、快乐和丰富多彩的。

父亲的三句话

朋友向我抱怨，说他是这个世界上最倒霉的人，好不容易弄到的订单转眼就成了别人的。朋友是一个生意人，但生意一直做得不好，时常亏本，他想不通，自己要文化有文化，要能力有能力，要才华有才华，可为什么总是不如别人呢。他给自己找了一个理由——运气，并认为一切的失败都是缘于运气不佳，如果上天能再多给他一点运气，他就能将地球撬动起来。

朋友的诉说不禁让我想起儿时的一段经历。小时候，我是一个自私的孩子，有什么好的东西，我总是想到自己，从不顾及别人的感受，结果同伴们一个个离我而去，为此，我十分苦恼，还常常在背后指责别人的不是。

一天晚上，父亲煮了两碗面，一碗面上有一颗白生生的鸡蛋，而另一碗面看上去什么都没有。父亲问我，“你吃哪一碗？”那时，鸡蛋是十分珍贵的食品，若非逢年过节或生日，是很难吃到的，我当然不会放过这样的机会，于是，我毫不犹豫地选择了有鸡蛋的那一碗。事实上，我的选择是错误的，正当我洋洋得意地吃完那颗鸡蛋时，我惊讶地发现，父亲的碗底竟然藏着两颗鸡蛋，我后悔不迭，恨自己过于心急。见此，父亲微笑着对我说：“孩子，你务必记住，眼睛看到的未必是真实的，想占别人便宜的人最终会吃大亏。”

第二天晚上，父亲又煮了两碗面，仍然是一碗面上有一颗白生生的鸡蛋，而另一碗面看上去什么都没有。父亲让我选择，这一次我学乖了，选择了上面没有鸡蛋的那碗。父亲默默地注视着我，一句话也没说。我赶紧拿起筷子，将上面的面条扒开，我满以为下面会卧着两颗白生生的鸡蛋，但很快我失望地发现，碗底除了清汤，什么也没有。这时，父亲意味深长地对我说：“孩子，你一定要记住，不要过分相信以往的经验，因为生活有时也会欺骗你，不过，你不用气恼，也不用悲伤，就当是一次人生体验吧，这是你从书本上无法学到的东西。”

第三天晚上，父亲同样煮了两碗面，还是一碗面上有一颗白生生的鸡蛋，而另一碗面看上去什么都没有。父亲让我先选，这一次我没有贸然行事，而是情真意切地对父亲说：“爸爸，您是长辈，又为我和这个家庭付出了太多，还是您先选吧！”父亲没有推辞，直接选了上面有一颗鸡蛋的那碗。我猜想，剩下的那碗肯定没有鸡蛋，但出乎意料的是，我非常幸运，碗底卧着两颗白生生的鸡蛋。父亲抬起头，眼里满是慈爱，他淡淡地对我说："孩子，你千万要记住，当你为别人着想时，好运就会降临到你的头上。"

父亲的话令我惭愧不已。从那以后，我把这三句话当作了自己的人生准则，无论是为人还是处事，我首先想到的总是别人的利益。果然如父亲所言，好运接踵而至，我的事业做得风生水起。听完我的故事，朋友醍醐灌顶，眼前豁然开朗，他终于明白了自己失败的真正原因。

心灵悟语

在生活中主动为他人着想，并和别人建立起善意的关联，是一件非常奇妙的事情。当你用积极、包容和更开放的心态去面对这个世界，面对身边的人，你的一切也会变得更加美好。

像水一样流淌

世间唯有流水最自由，走过的路最长，因为它遇到高山便会绕开，遇到沟壑便会填平，碰到小流便和它合并，遇见湖泊就融入其中，直到奔入大海中，它也仍然可以变幻为云朵，走向更远的地方。

“像水一样流淌”，这句简单的话中蕴含了多少人生的大智慧啊。当前路不通时，硬碰硬只会浪费时间和精力，不如看清对方的劣势和自己的优势，去寻找别的突破口，就算冒险，就算走了更多路，最终总会成功的。

一年夏天，他从美国的大学放假回到了香港，从事电影行业的父亲在剧组需要翻译的时候推荐了他，于是他就在剧组里帮忙做点翻译工作，闲时也干点零活，写写场记什么的。他虽然年纪不大，但性格开朗，人也非常踏实肯干，剧组里的人都很喜欢他，经常照顾他，就连剧组讨论时，也经常让他参加。

就这样，他逐渐表现出了自己在电影拍摄方面的才华，时常提出很有见解和创意的看法，导演很看重他，只要他能学习到东西，都很大方地为他提供机会，他对电影越来越有兴趣。暑假即将结束，他要赶回美国，剧组里的人正准备为他举行送别宴会时，他忽然做出了一个让所有人意想不到的决定：他要放弃在美国的学业，投身到自己所热爱的电影事业中来。

大家都不赞成，认为他只是一时的心血来潮，都劝他回美国继续读书，可是他的心意已决，在经过和父亲的一番长谈之后，他说服了父亲。于是从那天起，他毅然放弃了前途无量的学业，没日没夜地在片场里忙碌起来。他换过好几个剧组，由于毫无经验，受了不少嘲弄，也吃了很多苦头，但是渐渐地，他的才华开始显露，先后做过好几个导演的助手，并且最终在他们的帮助之下拍出了《双城故事》，开始小有名气。

就在他的电影事业刚刚起步的时候，金融危机影响到了香港的电影业，文艺片更是受到了沉重的打击，于是他果断地离开了香港，到好莱坞去发展。可是在好莱坞，他拍摄的文艺片反应很差，受了打击的他又返回香港。当时，很多电影界人士都转行了，而他却毅然涉足自己从来没做过的商业电影。当所有人都以为他会失败的时候，他的电影却迎合了当时人们的喜好，获得了巨大的成功。

2007年，他拍摄了电影《投名状》，一下子赢得了各方的好评，为他带来了更大的成功，而他——陈可辛，也成了亚洲受关注度最高的导演之一。

在一次访谈节目中，他说：“一条河笔直地流淌下去，又怎么能流不进大海？我当年放弃学业，是为了追寻更好的梦想，而后来的电影转型，也是为了赢得更好的票房。正是有了变通，才有了今天的我。”

要明白我们的优势在哪里，也要明白要根据环境适时做出改变。既然我们的路并不平坦，就必须学会变通，学会适应人生不同阶段的不同环境，山如果不来就我，那么我们便去就山，又有何妨？

心灵悟语

世间的一切都存在变数，人生之路并不是一条笔直的大道，能让你一眼望到头。此刻的欢喜雀跃也许会带来后来的悲伤惆怅，一时的平坦顺畅过后也常常会迎来坎坷风霜，勇往直前固然是一种坚强，而懂得回旋，也是一种智慧。

做好人生中的 20%

几年前，我开了一家化妆品专卖店，为了拉到尽可能多的客户，我每天起早贪黑，磨破嘴皮，无论是什么顾客，我都热忱以待，用最优质的服务去打动和留住他们。不仅如此，我还开通了网上咨询和订购业务，电话咨询和订购业务。我满以为这样就能赢得大部分顾客的好评，进而增进营业额，可是，一年下来，我的生意却并不怎么好，收入仅能维持日常开销。

要是按这样的形势发展下去，自己的店迟早有一天会关门。我感到压力重重，但为了生存，我还是很快调整了自己的经营思路。先是在广告上加大了投入，接着又找了两名员工去各个小区上门推销。其次，效仿商场的营销方法为客户办理了一批会员卡，还时不时地搞一些促销活动。这样又是一年，虽然营业额有所上升，但除去广告费、奖品费、折扣费和员工的工资，还是所剩无几。换句话说，我这一年又白忙活了，依旧无法摆脱倒闭的命运。那段时间，我苦恼到了极点，不知道问题出在哪里，也不知道该从什么地方入手，更不知道将来的路在何方。

就在我万分迷茫之际，有一天，店里来了一位气质不凡的中年妇女，看她的穿着打扮就知道是一位有钱的客人。我热情地迎上去，给她推荐了几款刚到的高档化妆品，本来我只是想让她在其中选择一款，没想到她听了我的介绍后，几款全要了。天啊！我简直难以置信，那可都是上千元一套的化妆品，自开店以来，我还从未遇到过这样豪爽的买主，其利润相当于我大半个月的营业额了。要是多一点儿这样的买主，何愁生意赚不到钱呢？我心里这样想着，突然一下子有了前进的方向，与其在那些没完没了的散客身上耗费精力，不如把大部分的时间用来拉近这些大客户。

随后，我改变了经营策略。首先，在店里增添了不少高档产品，这类产品大约占全部产品的20%，价格非常昂贵，当然利润也十分可观。对于那些占了80%的中低档产品，我则采取薄利多销的原则，甚至对个别大家熟悉的产品，还采取零利润的方式，目的主要是吸引低消费水平顾客的注意，让他们觉得很实惠，而我主要的利润放在那20%的高档产品上。其次，我开辟了贵宾专区，想尽一切办法抓住那些大客户，让他们成为自己稳定的顾客。

几经努力，我终于有了一批忠实的大客户，只要店里来了什么新货，他们总会前来挑选几件。这不仅大大地增加了利润，还带动了那些舍不得花钱的散客，让他们乖乖地解开了腰包。就这样，我店里的营业额急剧上升，是以前的十几倍，不到半年就收回了所有的成本。这时我才猛然发现，原来给我带来80%利润的，不是那些中低档消费者，而是那些高端消费者。虽然他们的人数不多，但他们确实拥有强劲的购买力，远远超过了那些散客的总和。

其实，人生中的任何一件事，任何一样东西都有主次之分，最重要的往往只占其中的一小部分，大约为20%，而其余的80%，尽管是多数，但却属于次要的。因此，在我们的人生中，只要经营好了那最重要的20%，就会取得事半功倍的效果，轻轻松松地赚个盆满钵溢。

心灵悟语

数学上有百分比，人生一样有百分比，然而人生的百分比，却蕴含着更多独特的价值与意义。有时候，占比更多的事物往往只是人生的次要，占比越多，反而收获越少。做好人生中重要的部分，我们的身心才会更轻松，生活也会更幸福。

红杉树的智慧

在美国加利福尼亚州，有一片高大茂密的森林，从旧金山北部一直延伸到俄勒冈州，长达六百多公里，逶迤连绵，莽莽苍苍，蔚为壮观，犹如一块巨大的绿宝石，镶嵌在加州南北的狭长地带，十分引人注目。这一片浩瀚的林海就是由著名的红杉树组成的。

红杉树，也叫北美红杉、海岸红杉、常青红杉、加利福尼亚红杉，是世界上最高、最大、寿命最长的树种之一。红杉树的叶子细长，呈羽状交互排列，常年翠绿。它的皮很厚，有很强的抗病虫害和防火能力，即使树心朽烂，树干外层仍然完好，这使得它们活力四射，长盛不衰。

作为一种贵重的高级木材，红杉一直受到世人的追捧，然而，却很少有人知道，为什么红杉能够长到上百米，存活上千年。通常情况下，树木长得越高，就越容易被折断，存活率就越低，尤其是居于加州海岸线一带的红杉，它们时常受到狂风暴雨的袭击，要想存活下来，绝对不是一件容易的事，更别说长到上百米，存活上千年了。但出乎意料的是，红杉树创造了这个奇迹，它们不但存活了下来，而且活得非常好。

曾经，许多植物学家一度怀疑，红杉树有着特别发达的根系，很可能在地下绵延数百英尺，不然，它们如何能应对暴雨的洗刷和台风的席卷呢？后来，植物学家经过实地考察和研究，终于发现了红杉树不为人知的生存法宝。

原来，红杉树的根扎得并不深，它们之所以能够抵御风暴的侵袭，靠的不是一棵树的力量，而是集体的力量。从地面上看，每棵红杉树都是独立存在的，貌似与其他树木毫不相干；而在地下，它们的根则紧紧地缠绕在一起，犹如无数根纵横交错的铁链，将千千万万棵红杉连为一体，固若金汤，坚不可摧，除非你将整个森林掀翻，否则你无法撼动其中任何一棵红杉树。

正是凭着这种团结精神，红杉树走过了一个又一个世纪，当别的植物都已灭绝或化作朽木时，它们却能伫立千年而不倒，成为树中神话。

心灵悟语

空想有害无益，只会让人生变得没有价值，随之耗尽生命的热情，到头来仍旧是两手空空。最有智慧的人生，永远都是沿着正确的方向，做有价值的努力，在行动中思考经验教训，从而收获理想的人生。

人世间最珍贵的

当他还是一个不谙世事的青年时，他的心中就充满了幻想，渴望成为一个让别人羡慕的有钱人。那时，有人问他：“人世间最珍贵的东西是什么？”他想也没想就回答道：“当然是钻石。因为钻石最有价值，小小的一颗，就可以换到许多的东西，包括房子、车子和名牌服饰等，可以说，没有什么东西比它更珍贵的了。我喜欢钻石耀眼的光芒，喜欢它的高贵与典雅，要是我能拥有一颗硕大的钻石，我一定是世界上最幸福的人。当然，权利、地位和成功也是不错的东西，只可惜这些东西不是普通的人能够得到的。”

当他步入中年时，他的身体有些发福，脸上再也没有了年少的稚气与不可一世，取而代之的是成熟与老练、圆滑与世故、坚强与自信。岁月的沧桑，让他对生活有了较为深刻的体悟。此时，有人问他：“人世间最珍贵的东西是什么？”他依然想也不想就回答道：“当然是得不到的东西。这些年来，通过我的艰苦奋斗，我拥有了属于自己的公司，拥有了高档的别墅，拥有了豪华的轿车，也拥有了我梦寐以求的钻石，可是，我并不觉得这些东西是人世间最珍贵的，因为它们不能给我带来快乐和内心的宁静，而那些哪怕经过我一辈子努力，也无法得到的东西才是最珍贵的，比如，一份温暖的亲情，一份真挚的爱情，一份纯真的友情。”

当他人到暮年时，该经历过的都经历过了，该拥有的东西都拥有了，该享受的生活也都享受了，名利、身份和地位，对他来说已不那么重要，他对生活的体悟又进了一步。此时，有人问他：“人世间最珍贵的东西是什么？”这一次他想了想，然后目光坚定地说：“人世间最珍贵的莫过于失去的东西，为了追逐金钱与成功，我失去了美好的青春，失去了知心的爱人，失去了侍奉父母的机会，失去了与孩子们相处的天伦之乐，失去了每天看朝霞和落日的心情……我觉得没有什么比失去的东西更珍贵、更美好。”

当他走过人生的一周匝，即将驾鹤仙去时，他一下子大彻大悟，原来，“菩提本无树，明镜亦非台，本来无一物，何处惹尘埃”。自己争强好胜一生，到头来，所得的一切不过是过眼云烟。此时，有人问他：“人世间最珍贵的东西是什么？”他没有马上回答，而是望着外面的蓝天白云、青山秀水、绿树青草，望着眼前的子子孙孙、亲戚朋友、邻居同事，想着那些从指尖淌过的岁月，那些没有来得及抓住的往事，那些永远也无法实现的梦想，他忍不住泪流满面，最后无比哀伤地说：“人世间最珍贵的东西，不是金钱、权力与名望，也不是失去的和得不到的，而是眼前的幸福和快乐。”

心灵悟语

智者说“活在当下”。你不禁会问，到底何谓“当下”。“当下”是指：你身边的人、你正在做的事、你所待的地方。生命，转瞬即逝，专注而认真地活着，是一个人生命力的自然表现。眼前的幸福，是人世间最珍贵的。

第六章

你的坚持，终将美好

“路漫漫其修远兮，吾将上下而求索。”或许命运的折磨也是人生的恩赐，苦难也是人生的一笔财富。希望常常在绝望中诞生，愈是艰难背后，愈是地狱背后，就愈是天堂。只要我们有战胜困境的决心，有“金石可镂”的执着，不忘初心，勇往直前，走过泥泞的小路，终将与美好相遇。

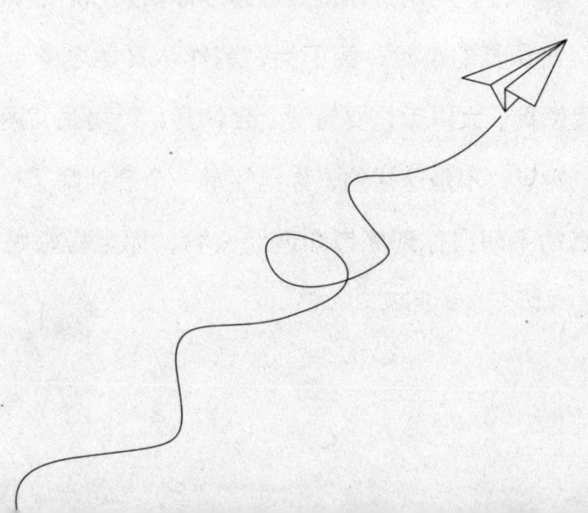

幸福属于有梦想的人

一个星期天的上午，戴维斯在家里打扫卫生。五岁的小女儿艾丽莎在旁边静静地看着，忽然，她仰起头来对妈妈说："妈妈，昨天老师问我们长大以后想做什么，我说我想做一个医生。妈妈，你长大了想做什么呢？"

戴维斯以为女儿在玩想象的游戏，于是不在意地说："我想，我长大以后想做一个妈妈。"艾丽莎皱了皱眉头说："可是你已经是一个妈妈了。那不行，妈妈，你得好好想想你长大以后想做什么？"戴维斯看了看女儿认真的小脸，笑了笑，装作认真地思考了一下，然后说："嗯，我想我长大以后，要当一个会计师！"可是艾丽莎还是不满意："不对，妈妈，不是这样的，你已经是一个会计师了！""哦，宝贝，可是我真的不明白你到底想知道什么啊，你觉得妈妈以后能成为什么呢？"戴维斯无奈地回答。

艾丽莎不解地看着妈妈说："这很简单啊，妈妈，你只要说出你长大以后想做什么就行了，你想做什么都行！只要你愿意，你可以当明星，也可以当画家，什么都可以，但是得你自己决定才行啊！"听到这句话，戴维斯愣住了，她以前从来没想过，在女儿的眼里，自己还可以继续长大，还可以继续有梦想。她已经36岁了，是两个孩子的妈妈，有一个不错的丈夫、一个硕士学位和一份收入不菲的工作，她以为这就是她的一生了。可是在女儿心中，她还可以随心所欲地选择自己的未来。

想成为一个什么样的人，想做什么样的事，都是我们自己的事。有目的地走路才能走得轻快，有愿望的明天才值得盼望，就算我们已经90岁了，也仍然可以梦想着91岁的时候我要做什么。

史密斯是芝加哥的一名普通的中年男子，可是他向当地法院递交的一份诉状却引起了轰动，因为诉状的内容非常奇特。

诉状中说，40年前的一天，当6岁的史密斯还在威灵顿小学读一年级的时候，老师让大家各自说出自己的一个梦想。当时班里有24个孩子，每个孩子都兴高采烈地表达了自己的愿望。史密斯甚至说出了两个：一个是去埃及旅行，另一个是有一头属于自己的小奶牛。可是一个叫吉米的男孩却始终说不出自己的梦想来，他能想到的几个梦想，都已经被别人说过了。最后，老师为了让吉米也能拥有一个梦想，就建议吉米向身边的同学买一个。就这样，吉米用3美分买走了史密斯的一个梦想，因为史密斯当时更加需要奶牛，所以他卖出了自己去埃及旅行的梦想。40年后，事业有成的史密斯到过世界上很多地方旅行，可是对于他最希望去的埃及，却始终没有涉足，他一直记得当年已经卖出了这个梦想。可是他和妻子非常希望能够去埃及旅行，于是他向法院递交了那份著名的诉状，要求赎回自己的梦想。

可是一段时间后，法院的判决认为，那个梦想现在已经价值3000万美元了，这意味着史密斯要想将它赎回去，就要倾家荡产。法院判决的依据是吉米的答辩状，上面说："在接到史密斯先生的律师送来的诉状时，我和家人正打算到埃及去旅行，不过这并不是我拒绝史密斯先生要求的理由，真正的理由是这个梦想自身的价值。自从用3美分买到了史密斯先生的那个梦想后，我的心就开始变得富有，我不再淘气贪玩，而是开始努力学习，这个梦想已经融入了我的生命，它是我这一生最大的宝藏，它是无价的。"

心灵悟语

梦想就像一道光，照亮了我们的人生之路，一个被梦想之光笼罩的人，你能从他的眼中看到他对未来的憧憬，看到他对生活的信心。

告别拖延，行动成就梦想

年少时，每个人都胸怀梦想，可是，后来真正把梦想变成现实的人却少之又少。原因是，很多人的梦想并未付诸行动。

18岁那年，他有一个美好的梦想，希望能考上一所重点大学。本来他的这个梦想并不遥远，他除了英语成绩差些外，其他学科都相当不错，只要他肯稍加努力，将英语成绩提上去，完全可能实现自己的愿望。然而遗憾的是，他太惧怕那些枯燥的A、B、C了，只坚持了几天就退缩了。结果，他的这个梦想真的只是一个梦，尚未行动就夭折了。

23岁那年，他有一个美好的梦想，希望能娶到一位漂亮的姑娘。本来他的这个梦想并不遥远，因为他善良纯朴、乐于助人、勤奋踏实，很多女孩子都喜欢他。然而遗憾的是，他十分自卑，认为没有房子，没有车子，没有存款，人家凭什么喜欢自己呢。于是，当那个心仪的女孩真正走进他的生活时，他选择了退缩，连与女孩交往的勇气都没有。结果，他的这个梦想真的只是一个梦，尚未行动就夭折了。

30岁那年，他有一个美好的梦想，希望成为一个有钱人。本来他的这个梦想并不遥远，因为他精明能干，很有做生意的天赋，并且也看准了一个赚钱的项目，只要他大胆地按计划实施，再假以时日，他极有可能成为一个让人羡慕的富翁。然而遗憾的是，他害怕风险，舍不得放弃安逸稳定的生活。权衡再三之后，最终他选择了放弃。结果，他的这个梦想真的只是一个梦，尚未行动就夭折了。

70岁那年，他有一个梦想，希望能在人间留下一些痕迹，这次他没有犹豫，因为他知道自己剩下的时光实在不多，于是他排除一切干扰，静心写作，数年如一日。三年后，他成了一位知名的作家。此刻，他才真正意识到行动是多么重要。

阿莫斯·劳伦斯曾说："形成立即行动的好习惯，才会站在时代潮流的前列；而另一些人的习惯是一直拖延，直到时代超越了他们，结果就被甩到后面去了。"当我们心中确立了一个目标后，不是站在原地等待机遇降临，也不是等着别人伸出援助之手，而是要马上行动起来，不管前方有多少荆棘，有多少坎坷和磨难。

一件再困难的事，其实开头往往只需要几分钟，可是很多人却因为畏首畏尾、瞻前顾后，导致好不容易燃起的理想之花，瞬间就熄灭了。曾经有人对世界上的成功人士做了一项调查，结果发现，他们有一个共同的特点，那就是，只要他们认定了一件事，无论会面临多大的困难，也无论将来是成功还是失败，他们总是从不拖延，立即行动，并孜孜不倦地朝着心中的目标进发。

成功学家认为，成功没有什么了不起的，只要你坚持用十年时间来做同一件事，即便你资质平庸，也同样可以将优于你的人远远地抛在身后。只是在茫茫红尘之中，很少有人做到这一点罢了。

当然，成功肯定需要付出汗水和心血，需要承受压力和痛苦，甚至受到伤害和屈辱，但我们不要畏惧这些。正如爱默生所说："当我们真正感到困惑、受伤，甚至痛苦时，我们会从柔弱中产生力量，唤起不可预知威力无比的愤慨之情。"苦难不仅能让人积累成功的经验，也能让人迸发出巨大的力量，许多伟大的人就是凭借着这种力量，才一步步地走向成功。

如果你渴望成功，或想在事业上有所建树，请你务必记住，立即行动起来，不要拖延。

心灵悟语

做一个积极进取的人，不要一味选择被动和等待。事实上，只要踮起脚尖，或许机会就会降临到你的头上，你就会离梦想更进一步。

坚持一次，受益一生

22岁那年，他因为家庭贫困，被迫放弃了大学学业，在一个建筑工地上找到了一份扛钢筋的工作，从此开始了他艰辛的生活之路。

扛钢筋是一项繁重的体力活，没干几天，他稚嫩的肩上就被磨出了好几个血泡，稍微碰一下，就钻心的疼痛。但他咬紧牙关，默默地坚持着，希望能多挣一点钱补贴家用。一段时间后，他失望地发现，无论自己怎么努力，得到的回报始终不多，这与他的理想生活相差甚远。他的梦想不是做一名普通的建筑工人，而是成为社会精英，拥有足够多可以支配的财富。如果再这样混下去，等自己的意志磨平了，那将永无出头之日。意识到这一点后，他感到十分恐慌，决意立刻放弃这份工作。

有工友劝他说："你不要头脑发热，虽然这份工作不是特别理想，但起码它可以让你衣食无忧。"也有工友略带讽刺地对他说："你以为你是谁呀，要文凭没文凭，要技术没技术，要资金没资金，你凭什么成就自己的事业呢？”对于工友的劝说，他付之一笑，坚定地认为，世上一定有更适合自己做的工作，只是现在暂时还没找到而已。

带着一腔热血，他离开了建筑工地，找了一份推销的工作。起初，由于没有销售经验，他四处碰壁，连连受挫，业绩差到了极点。在推销这一行，没有业绩就没有多少收入，那段时间，他的日子过得捉襟见肘，收入还不如在建筑工地上扛钢筋。

他不是一个做事三心二意的人，一旦认定了，就会一条道走到黑。痛定思痛，他清醒地认识到了自身存在的问题。为了弥补这些不足，他果断地将所有的积蓄投入到“世界第一激励大师”金克拉一个为期五天的培训班中。这五天让他受益匪浅，甚至脱胎换骨。培训结束后，他没有急着去寻找客户，而是认真学习和钻研心理学、公关学、市场学等理论，掌握现代推销技巧。

功夫不负有心人，短短3年时间，他就获得了巨大的成功，创造了平均每天卖出一幢房子的惊人神话，并从中获利3000多万美元，成为名副其实的千万富翁，而那年的他，刚好27岁。他就是国际培训集团的创始人兼CEO、有着“世界上最伟大的推销大师”之称的汤姆·霍普金斯。

心灵悟语

人活在世上难免含辛茹苦。人的一生肯定会有各种各样的压力，但这才是真实的人生。在面对压力和困难时，也许你坚持一次，就会受益一生。

退避也能成就梦想

那年，他从一所普通大学毕业后，异想天开地想进通用电气公司，但很快，他的梦想就被残酷的现实击得粉碎。主考官只是扫了一眼他的个人简历，就立刻摇着头说：“抱歉！您离我们的要求还差很远，欢迎您下次再来。”

这个年轻人十分失落，他没想到自己这么快就被通用电气公司否决了。带着遗憾与伤感，他离开了。后来，他不再不切实际地幻想，而是恭敬谦卑地进入了一家适合他的小公司。

他的专业是机电制造，在公司里担任技术顾问。尽管薪水不是很高，却能把他的所学尽情地发挥出来，他感到十分满足。为此，他兢兢业业地做着这份工作，并不断地学习和钻研，终于成了技术骨干。无论是什么电机出了问题，他只要听一听声音，不用打开机箱，就能知道问题的症结在哪里。

事有凑巧。有一天，通用电气公司新开发的一款电机出了故障，所有的技术人员都束手无策，找不到问题出在哪里。因为他所在的公司与通用电气公司有业务上的往来，于是公司派他前去处理。

他将一台有问题的电机启动后，仔细地听了一会儿，凭着多年的经验，他断定是电机的线圈出了问题。为了稳妥起见，他又测试了好几台有问题的电机，结果发现这些电机出现的是同一问题。于是，他十分肯定地对旁边的技术人员说，电机左边的线圈比右边的线圈多了半圈，只需将多出的线圈剪掉，电机就能恢复正常。在场的技术人员听后无不骇然，不拆机就能诊断出左边的线圈多了半圈，这简直是个神话。

然而，让人吃惊的是，当技术人员拆开机箱，果然发现左边的线圈多了半圈。随后，他们将多出的线圈剪掉，奇迹出现了，电机恢复了正常。顿时，现场响起了一阵雷鸣般的掌声，大家纷纷走上前，向他表示感谢。

后来，通用电气公司的总裁听说了这件事，知道他是一个不可多得的人才，就想将他收为己用，并开出十倍的薪金聘请他去通用电气公司担任技术顾问。但令人想不到的是，他竟然坚决地拒绝了，拒绝的理由是，现在所在的公司虽小，但工作了几十年，他与公司已融为一体，无法分割。再说，公司老板一直待他不薄，他不能背信弃义，做一个让人瞧不起的小人。

通用电气公司想尽了办法，但无论开出多么丰厚的条件，他依然不为所动。最后，通用电气公司的总裁只好连同他所在的公司一起收购了，这样，对他来说，就不存在背叛谁的问题了。

多年前，他做梦都想进通用电气公司，可是被拒之门外。多年后，通用电气公司为了聘请他，不惜收购了他所在的公司，这便是一个人成功的资本。

人生有时就是这样，当你遇到不可逾越的障碍时，不妨退避三舍，等到有一天你足够强大了，自然就会水到渠成、功成名就。

心灵悟语

面对一点小小的挫折不要悲伤，需要付出一些代价的时候也不必犹豫，因为失之东隅总会收之桑榆；选择众多的时候不要盲目追逐最多，幸运接踵而至的时候也不要妄想全部收入囊中，因为我们的精力有限。退避，只有放弃小的，才能握住大的。

每个人都可以成功

曾经有一位中学老师做了这样一个有趣的实验，他给学生们布置了一个作业，让大家把自己觉得最不可能完成的事情写在一张纸上。虽然学生们不知道老师这样做有何用意，但还是很认真地按老师的要求做了。

有的学生写道：我不可能成为一个受大家欢迎的人，我不可能战胜心里的怯弱；有的学生写道：我不可能考上大学，我不可能投中三分球，我不可能爱上钢琴；有的学生写道：我不可能成为一个叱咤风云的人，我不可能成为一个作家，我不可能……

学生们的回答可谓五花八门，但归结起来，他们都认为有许多事情，即便自己再怎么努力，这一辈子也不可能完成。对此，老师没有做任何的评价，只是将这份特殊的作业封存了起来。直到多年后的一次同学聚会上，老师才把它打开，并还给了每一位同学。当这些学生看到自己当初写下的纸片时，他们发现上面的不可能几乎都变成了可能。

这个故事，向我们昭示了一个道理，那就是：困难只是暂时的，每个人都有可能成功。

话虽如此，可为什么现实生活中却有那么多的人未能成功呢？这恐怕主要缘于他们不能脱离自己设置的套子吧。据相关资料显示，有70%以上的人对自己的现状十分不满意，可是他们仍然在叹息与抱怨中继续工作着。当别人问及他们为什么不想办法改变时，他们只是摇头说，没办法，自己一没资本，二没关系，三没才华，除了现在做的工作，自己还能干什么呢。

有些人，一件事情还没有做，就开始自我否定，认为自己这也不行，那也不行。试想一个连尝试的勇气都没有，一个连自己都不相信的人，又如何能在事业上取得成功呢？事实上，许多事情，只要你大胆地做了，才会发现，事情本身远没有你想象的那般困难，抑或只是当时看起来很困难，但通过自己的努力还是能够达到的。

如果回到过去，爱因斯坦一定不敢相信自己会成为伟大的科学家，比尔·盖茨也一定不敢相信自己能够成为全球首富。世上之事本来就没有什么不可能的，也没有什么是静止不变的，要看你有没有勇气跨出去，有没有信心走下去。

其实，一个人可以胜任的工作很多，为什么要轻易否定自己呢？澳大利亚华裔企业家周华先生在功成名就之前，曾当过外交官，送过比萨饼，摆过地摊，做过小生意……而肯德基创始人哈兰·山德士在成为餐饮帝国的王者之前，曾在农场里当过学徒，做过粉刷工，卖过保险，当过兵，做过治安官，开过加油站……

很多人总是喜欢固守在自己熟悉的领域，而害怕进入陌生的领域，诸如，学医的不敢去经商，学中文的不敢去做统计，学法律的不敢去做技术员。理由是，那不是自己的专业，不是自己所熟知的。

有人说，重复旧的行为，只会产生旧的结果。普通人的一生，可能只会从事两三项工作，而整个社会，至少有上千种行业。当我们在某个领域不能取得成功时，为什么不换一个领域试试呢？或许在新的工作岗位上，你就能找到自信，找到那把打开成功大门的钥匙。

心灵悟语

不必哀叹自己的不幸，也不必羡慕别人的成功，其实你也可以。每个人都有自己的优点和长处，每个人都可以取得事业的成功，只是有的人认定了目标却没有坚持下去，还有的人根本就缺少尝试的自信和勇气。

改变世界，不如改变自己

在英国伦敦泰晤士河北岸的威斯敏斯特大教堂内，矗立着一座无名墓碑，上面刻着一段发人深省的文字，大意是：当我年轻的时候，我雄心勃勃，想要改变这个世界；可是当我历经了世事的沧桑后，却发现我根本不能改变这个世界，于是我将目光放短了些，决定只改变我的国家；可是当我进入晚年后，我发现我根本不能改变我的国家，于是我决定只改变我的家庭和我最亲近的人，但遗憾的是，他们根本不接受我的改变；等我到了风烛残年、即将奔赴黄泉之时，我才幡然醒悟，如果当初我先改变自己，也许在我的影响之下，我就能改变我的家人，然后，在家人的鼓励和帮助下，说不定我就能改变我的国家。然后，谁又知道呢？也许我连整个世界都改变了。

正如墓碑的主人公所经历的那样，我们大多数人都曾试图改变世界，以期达到自己的目的，可到头来，我们才发现，自己枉费心机，原来一切都没有改变。在现实生活中，我们很多人都缺乏自省的精神，当遇到困难和不如意时，总是怨天尤人，把一切责任归咎于外部环境，而很少在自己身上寻找原因。

记得比尔·盖茨曾说过："你不要妄想去改变世界，也不要妄想去改变他人，那不是你能够轻易做到的，最好、最直接的办法就是改变自己。只要自己变了，一切都会随之而改变。"一个人的性格和一项制度的形成，往往具有稳固性，当我们改变不了别人时，我们不妨学会改变自己，因为改变自己永远比改变世界更容易、更有效。

在很久以前，一位国王外出游玩回来，发现自己的脚很痛，于是他命令手下的大臣，在那条硌脚的山路上铺一层皮革。可是，那将耗费大量的金钱，还会使许多的老百姓失去耕牛。于是，一个大臣劝谏国王说："陛下，这还不简单？您直接剪一块牛皮套在脚上就行了，又何必劳师动众，令老百姓流离失所呢？"国王想想，的确如此，便采纳了大臣的建议。

当我们身处失败的旋涡中时，不妨想想，是不是自己的努力不够；当我们得不到领导的提拔时，不妨想想，是不是自己哪方面做得不好；当我们遭到别人的诽谤时，不妨想想，是不是自己的言行举止有什么不当之处……通过自省，我们可以找到自身的不足，从而不断地完善自己，使自己在激烈的竞争中处于不败之地。更重要的是，我们因此获得了工作的乐趣和上进的动力。

一个人无论多有才华，如果他孤高狂傲，事事以自我为中心，不懂得尊重他人，那么他也成就不了什么大事业，只会处处受人排挤，遭人打压。

无论身处什么时代、什么社会，都存在着一些不公平的现象；无论在哪个家庭、哪个团体之间，都存在着矛盾与争议。我们不要自怨自艾、悲观消沉，也不要寄希望于社会的变革，我们唯一要做的就是接受它，并改变自己的一些看法和做法。当自己改变了，眼中的世界也自然改变了。引领我们走向成功的，从来都不是别人，而是我们自己。

心灵悟语

改变世界，不如改变自己。拥有一颗包容的心，学会接纳他人和自己所处的环境。尊重他人，团结他人，谦让他人，当走过人生的一周匝，再回头看自己走过的路时，你会惊讶地发现，原来世界真的不一样了。

投之以桃，报之以李

燕昭王即位后，一心想要重振燕国，以血齐国之耻。燕昭王知道，国与国之间的争斗，其实就是人才间的争斗，谁的身边有最优秀的人才，谁就是最后的胜利者。可是，燕国国力甚微，又有谁愿意主动投靠呢？为此，燕昭王不惜重金，广为宣传，开出了许多优厚的条件招贤纳士。然而，忙活了好一阵，却仍未见贤能之士前来，依然冷冷清清，无人问津。

燕昭王十分苦闷，不知道问题出在什么地方，便召老臣郭隗前来商议，看如何才能吸引人才，使燕国变得强大。郭隗听了燕昭王的诉说后，没有直接回答他的提问，而是给燕昭王讲了一个故事：

在很久以前，有一位国王，他酷爱马，愿出黄金千两，欲求一匹千里马。让人想不通的是，如此高的价钱，竟没人响应，整整三年过去了，国王仍旧未能得偿所愿。就在国王叹息一马难求之时，一位内官自告奋勇，愿去民间搜寻千里马。内官用了三个月的时间，终于打听到了千里马的踪迹，然而遗憾的是，当他兴致勃勃地赶到那里时，千里马已经死了。

无奈之下，内官灵机一动，用五百两黄金买下了千里马的头。国王见之，气得差点吐血，不但千里马没买着，还白白浪费了五百两黄金，真不知道他是怎么想的。国王正欲发作，却听那位内官不慌不忙地说："死马尚且值五百金，那活马呢？我相信用不了多久，这件事就会在全国传得沸沸扬扬，到时大王何愁买不到好马呢？"

果然，不到一年的时间，无数的千里马纷纷送上门来，国王大为震惊，不明白其中的缘故。那位内臣解释说："当初，大王以千金买马，人们多视为玩笑，没有人愿意相信，但当臣下用五百两黄金买下马头时，天下之人无不信之，并认为大王是真正的识马、爱马之人，又有谁不乐意将自己的千里马献出呢？"国王恍然大悟。

故事说完，郭隗将目光落到燕昭王的身上，淡淡地说："其实，招揽人才也是这样，大王若真想令天下贤能归之，那就从我做起吧！您想，像我这样一个不起眼的人都能得到大王的重用，那其他有本事的人就更不用说了。"

燕昭王觉得言之有理，立即命人为郭隗修筑了一座豪华的宫殿，并纡尊降贵，拜郭隗为师，日日探望，无比敬重。不仅如此，燕昭王还按照郭隗的建议，在沂水之滨修建了一座高台，并在台上放置上千两的黄金，用以招徕各国贤士。很快这件事就传遍了七国，大家都知道燕昭王求贤若渴，任人唯贤，于是争先恐后地前往投之，这其中包括魏国的乐毅，齐国的邹衍，赵国的剧辛等。

在众多贤能的辅佐下，燕国国力蒸蒸日上，逐渐成为独霸一方的强国。二十八年后，燕昭王命乐毅为上将，并联合楚、秦、赵、魏、韩等国，一举伐齐，齐国大败，几乎亡国，燕昭王从此声振宇内。

心灵悟语

生活中，无论我们做什么事情，都不能只是异想天开，要拿出实际行动来，当别人看到你的诚意和决心后，自然会“投之以桃，报之以李”。

敢于挑战，逆境也能成就自我

他出生在英国一个贫穷家庭，从小乖巧懂事、勤奋好学，高中毕业后，他顺利地考入了诺丁汉大学。虽然这是英国一所十分著名的大学，也是无数学子梦寐以求的理想乐园，然而他却始终高兴不起来，因为昂贵的学费令他望而生畏。

像他这种情况，本来可以申请助学贷款完成学业，可是他不想一入学，就背上沉重的经济负担。怎么办呢？是退学，还是想其他的办法？那段时间，他烦恼极了，每天都在为钱的事情发愁，真恨不得天上能掉下一沓钱，或是买彩票中个头奖。

眼看夏天就要结束了，开学的日子一天天逼近，而他的学费还是没有着落。这天晚上，他再一次失眠了，躺在床上翻来覆去，始终无法入睡。到半夜时，他脑子里突然迸出一个奇怪的想法，在网上卖“方格”。所谓方格，就是一个用来装载图片、网址、文字等的平台，方便全世界的人查找和浏览，类似于在报纸和电视上打广告。不同的是，只要你买下这个方格，就永远占据了这个位置和空间，并且价格要比其他媒介低很多。当时的英国，还没有一家这样的网站，他立刻意识到其中潜藏着巨大的商机。

于是，他兴奋地从床上跳下来，打开电脑，在互联网上申请了一个免费域名，建了一个网站。在这个网站的主页上分布着一万个小格子，每个格子的大小分别为10×10像素，售价为100美元。他还给这个网站起了一个有趣的名字，叫“百万美元主页”，其中包含了两层意思，一是使用此方格的人可以赚取100万美元；二是1万个方格卖完后，他刚好可以赚取100万美元。

网站建好后，他焦急地等待买家的到来。说实话，他心里没有多少底，只希望能幸运地卖出一两百个方格，够交学费就行了。然而，让他出乎意料的是，这个网站异常火爆，刚刚推出就受到了人们的热捧，仅一天时间，就卖出了50多个方格，随后订单不断，供不应求，平均每天都要卖出40多个方格。

很快，“百万美元主页”就成了英国一个人气很高的网站，引得各大媒体争相报道，一时间声名远播、名扬四海。4个月后，他的1万个方格便销售一空。就这样，他用10分钟做成的网站，轻轻松松就赚取了100万美元，不仅可以支付自己读大学的所有费用，还绰绰有余。

他就是“百万美元主页”的创始人亚历克斯。“百万美元主页”一度风靡全球，有20多家世界级知名媒体对他进行了专访，亚历克斯也从一个连学费都交不起的穷小子，华丽转身为一个世界名人、一位年轻显赫的新贵。

成功往往源于一个小小的创意。100万美元，对于大多数人来说，可能花费一生的精力也赚不到，而对于某些人来说，也许10分钟就能搞定。

这个世界上，没有什么办不到的，永远只有你想不到的。无论你是一个一无所有的大学生，还是一个一穷二白的打工者，只要你不屈服于命运，怀揣梦想，敢于拼搏，谁敢说你不是下一个亚历克斯呢？

心灵悟语

人生中的很多经历都是这样，希望往往掩藏在绝望中。只要我们不轻易顺着困境的步伐跌倒下去，而是全身心地投入，耐心思考突破困境的方法，再努力一次，就一定能够成就自我。

每天离梦想更进一步

杰克·伦敦出生在美国旧金山的一个贫困家庭，他从小就有一个梦想，那就是将来成为一位伟大的作家。然而不幸的是，杰克·伦敦没有良好的家庭环境，他的家中既没有读书之人，也没有经典藏书，更没有一个可以引路的老师，他唯一有的，就是一颗赤诚的心。

10岁那年，杰克·伦敦家中惨遭变故，他不得不离开美丽的校园，小小年纪就挑起了生活的重担，每天奔跑于大街小巷，靠卖报纸赚取微薄的薪水来补贴家用。随后，杰克·伦敦又来到一家罐头厂打工，每日重复着简单、机械、枯燥的工作。

但这一切并未改变他的初衷，只要一有时间，他就一头扎进书海里，如饥似渴，如痴如醉。没钱买书，他就向别人借，或是跑到免费公共图书馆“饱餐一顿”。遇到什么好的词句，他就立刻写在随身携带的小本子上。为了方便记忆，他还把这些东西制作成卡片，或贴在床头，或插在镜子缝里，或挂在晾衣绳上。

在24岁以前，杰克·伦敦一直过着半工半读的生活，直到有一天，他觉得时机成熟，便义无反顾地走上了写作之路。

可是，追逐理想的道路并非如他想象的那样平坦。尽管他的作品质量相当不错，但寄出去的稿子还是一篇接着一篇地被退了回来。他的心情十分郁闷，他实在想不通，为什么自己付出了艰苦的努力，收获的却是一地的衰草。在遭遇了一连串的失败打击后，他的内心不禁有几分动摇，难道自己真的不适合写作吗？

一天，杰克·伦敦来到一个采石场散心，见一个工人正敲打着一块石头。工人挥舞着有力的双臂，一锤接一锤地敲打着石面，不时可以看到点点火星。尽管那位工人十分卖力，可石头怎么砸也砸不烂，敲打了十几下后，他已挥汗如雨。杰克·伦敦心想，这位工人实在太傻了，继续砸下去，可能也不会有什么结果，与其这样，不如放弃。然而，让杰克·伦敦目瞪口呆的是，当工人敲下第32锤时，石块“砰”的一声裂开了。

那一刻，杰克·伦敦的心灵受到了极大的震撼，他一下子明白，原来做任何事情都不可能一蹴而就，需要不断努力，只要坚持下去，终有一天会成功的。怀揣着这样的信念，杰克·伦敦夜以继日地耕耘着。每当有什么体悟，或是完成了一篇作品，他的心里总有一种自豪感，因为他知道，自己离梦想又近了一步。

1900年，杰克·伦敦终于冲破了层层迷雾，见到了久违的阳光，他出版的小说集《狼子》获得了巨大的成功，在国内外引起了不小的轰动。随后，他又出版了《野性的呼唤》《海狼》《白牙》《马丁·伊登》等50余部作品，成了享誉全球的高产作家，被誉为“美国无产阶级文学之父”。

心灵悟语

每个人都有自己的理想，但无论你的理想是什么，要想实现预期的目标，你就必须每天做一件能够让你更接近自己理想的事情。日积月累，当努力达到一定的程度时，你才能石破天惊、一鸣惊人。

储存生命中的感动

自从有了电脑以后，我总是喜欢把一些重要的资料、漂亮的图片、精彩的电影、优美的文章储存起来，以便长期保留，并时时欣赏。对于那些垃圾文件、没用的文件和让人不愉快的文件，我会毫不犹豫地删除，并将回收站迅速清空，不让它们占据有限的磁盘空间。

储存与删除，是任何一个使用电脑的人经常做的事，储存是为了记住，而删除是为了忘却。这个有趣的行为，不禁让我联想到了我们的人生，人生又何尝不需要储存呢？

从我们降临人世的那一刻开始，我们就幸运地拥有了弥足珍贵的亲情。父母亲吻着我们的脸蛋和额头，用他们全部的爱呵护着我们，保护着我们。我们身上发生的一丁点儿小事，到了他们那里都会激起惊涛骇浪。

回眸往事，是父母教会了我们说话，教会了我们走路，教会了我们如何做人，教会了我们怎样克服困难。他们养育我们，把最好的一切都给了我们。可是，我们却时常忘记储存，认为那一切都是天经地义、理所当然的，一转身就把它放到了“回收站”里。直到有一天，当我们受了伤，需要它时，才想起从“回收站”里把它找回来。

当我们离开家乡，来到大千世界时，我们又幸运地拥有了纯真的友情。在你跌倒的时候，朋友们悄悄地来到你的身边，轻轻地将你扶起，替你拍打着身上的灰尘，为你递上一条拭泪的方巾，静静地倾听着你的诉说，不失时机地安慰你，说些笑话逗你开心，真心诚意地帮助你。有了朋友，我们不再孤单；有了友情，我们的生活更加有滋有味。

人生的每一个阶段，都会有朋友陪伴在我们的左右。然而，我们时常忘记储存，有了新朋友，忘了老朋友。一转身，就将一份份珍贵的友情放进了“回收站”，直到多年后想起，却发现再也找不回来了。

当我们成年后，在茫茫红尘里，我们又幸运地拥有了甜蜜的爱情。一次偶然的邂逅，让你我怦然心动，然后由陌生走向熟悉，又由熟悉走向依恋。从此，你心中有了我，我心中有了你，一日不见便如隔三秋。

爱情让我们体会到了什么是相思，什么是甜蜜，什么是幸福。可是，当爱情走向婚姻时，日复一日的平淡生活却将我们最初的心跳和激情啄食殆尽。我们变得俗不可耐，变得不可理喻，变得只知道指责对方。

我们忘了患难与共、祸福相依、生死相随的山盟海誓，忘了曾经拥有的欢愉，忘了携手走过的美好岁月。一转身，就轻易地将千年修来的爱情丢进了“回收站”里，直到后悔时，却发现再也找不回来了。

储存人生，储存生命中那些转瞬即逝的真、善、美，储存身边那些来之不易的亲情、友情、爱情，因为这些东西都值得我们一辈子去珍藏，去回味。

心灵悟语

常怀一颗感恩的心，珍惜身边每一份微小而实在的幸福，储存生命中的美好。生活曾赐予我们多少快乐、多少感动，这些，你都感受到了吗？

做自己，最快乐

曾经，一个忧郁者去拜见一位德高望重的大师，刚见面，他就迫不及待地问大师："大师，请您告诉我，如何才能成为一个成功的人、一个快乐的人？"

大师平静地对忧郁者说："你先别急，慢慢地告诉我，这些年你都有哪些经历，然后我才好对症下药。"

忧郁者说："起初，我羡慕我的邻居弹得一手好钢琴，于是我哭闹着让父亲为我买了一台钢琴，并请了一位钢琴老师。可是，我一点儿学琴的天赋都没有，练了一年多，只会弹几首简单的曲子，气得父亲一锤子把钢琴砸烂了。后来，我在电视上看到邓亚萍获得了奥运会乒乓球冠军，于是我又想成为一名举世瞩目的运动员。可是，只练了半年我就坚持不下去了，因为做运动员实在是太辛苦、太枯燥了。再后来，我遇到了一位当老板的同学，看着他穿着考究的服饰，玩着高档的手机，抽着昂贵的香烟，一副高高在上的样子，那一刻，我隐隐觉得自己的自尊心受到了很大的伤害。于是，我暗暗发誓，要成为一个像比尔·盖茨那样富裕的人。可是，我天生就不是做生意的料，折腾了十几年，不光没有赚到钱，还欠了一屁股的债，连房子也赔了进去。大师，本来我是一个有理想、有追求的人，可一次又一次失败的打击，让我彻底泯灭了信心，从此，我变得郁郁寡欢、得过且过，不愿再做任何尝试。”

听了忧郁者的诉说，大师只说了8个字：“放下，然后做回自己。”

回到家里，忧郁者反反复复地揣摩着大师的话，终于明白了其中的道理，也找到了自己失败和痛苦的根源。忧郁者索性放下了所有的包袱，将自己大半辈子的人生经历写成了一本书，过了几年，他成了一位小有名气的作家。

哲人说过：“上帝用模型造人，塑造了你之后，就把模型捣碎了。因此，你是唯一的。”然而可笑的是，在现实生活中，许多人为了追逐财富与名利，常常放弃独一无二的自己，东施效颦般地模仿别人。而事实上，每个人都有自己的优势和短处，每个人都有自己不同的生活方式，当我们羡慕别人所拥有的，别人也同样在羡慕我们所拥有的。事业的成功不代表人生的成功，只有你觉得自己每天都过得充实快乐，那才是美好的人生。

孩提时代的人，之所以最快乐，就是因为那是最真实的自己，想哭就哭，想笑就笑，想闹就闹，毫不掩饰，没有功利之心，没有攀比之心，没有虚荣之心，不会为有没有钱而烦恼，不会为有没有大房子而焦虑，也不会为有没有升职加薪而痛苦。

当红作家李可曾说过：“很多曾经做出惊天动地事业的人，事实上都在追求安宁，而不是名气。”

薛捍勤是国际法院的法官，也是这一权威国际司法机构中的首位中国籍女法官。然而，面对鲜花和掌声，她却只想做最真实的自己，因此，她时常对别人说：“如果哪天你看见我挎个篮子去买菜，请不要觉得奇怪。”也许人出了名后、有了钱后，才会意识到平静生活的可贵，也最希望能做一个普普通通的人。

心灵悟语

造物主在创造每个个体的时候，都赋予了他们独一无二的优点；同时，也无可避免地给了他们一些缺点。认识自己，充分利用好自身的优缺点，做适合自己的事，过自己想过的生活，不为名利所累，才能真正体悟到人生的意义与真谛。

不曾走过，怎会懂得

版式设计：蒋碧君
文字编辑：王松慧
美术编辑：苟雪梅
封面插图：舟蒲麦